家居装修 我来帮系列

WO LAI BANG NI
ZUO SHE JI

我来帮你
做设计

汤留泉　编著

U0293145

中国电力出版社
CHINA ELECTRIC POWER PRESS

内容提要

本套书以分解图例的形式全面讲解家居装修方法，使装修业主能直观感受家装全程，让复杂烦琐的装修变得简单轻松。本套书分为水电、监工、设计、选材4册，分别详细讲解了水电施工、监工监理、设计形式、材料选购等项目的要点，充分发挥了实拍图片的优势，全面展现了装修工作流程，以全新的概念解析家装，是新一代家居装修的百科全书。本书适合准备装修或正在装修的业主阅读，同时也可作为装修施工员和项目经理的参考资料。

图书在版编目（CIP）数据

我来帮你做设计 ／ 汤留泉编著． — 北京 ：中国电力出版社，2016.1
（家居装修我来帮系列）
ISBN 978-7-5123-8361-6

Ⅰ．①我… Ⅱ．①汤… Ⅲ．①住宅－室内装饰设计 Ⅳ．①TU241

中国版本图书馆CIP数据核字(2015)第237887号

中国电力出版社出版发行

北京市东城区北京站西街19号　　　100005　　　http://www.cepp.sgcc.com.cn
责任编辑：胡堂亮　梁　瑶　　联系电话：010-63412605
责任印制：蔺义舟　　责任校对：常燕昆　　E-mail：liangyao0521@126.com
北京盛通印刷股份有限公司印刷·各地新华书店经售
2016年1月第1版·第1次印刷
710mm×1000mm 1/16·10印张·183千字
定价：39.80元

前　言

　　随着现代的房地产商大量地新建住房，越来越多的购房业主需要装修。虽然很多业主都有一定的装修经验，能读懂设计图纸，会选购材料，并能在装修过程中与施工方相互配合。但是装修效果并不尽如人意，原因在于他们不了解家装实施的细节，如掌控设计过程、鉴别材料优劣、分析施工工艺等，学习这些知识又需要消耗大量的时间与精力。本套书详细介绍了关于家装的所有细节，将一些复杂的东西分解、简化进行讲解，是快速了解装修的不二之选。

　　家居装修具有较高的技术含量，全程参与人员多，选用材料品种丰富，施工工艺复杂，若疏于对装修过程的管控最终将导致装修消费高、工期长，且难以保证质量。传统观念认为，简单装修可以由业主自己操作——联系施工人员、选购材料，甚至亲自动手施工；复杂的高档装修才交给装饰公司。其实，在装修中是否亲力亲为，结果都是一样的。亲自做装修需要付出自己与家人的时间和精力，业主不熟悉的操作细节需要多次反复，或造成效率低下，这些消耗最终都折算成资金。但交给装饰公司也未必可以当甩手掌柜，很多成品构件与材料仍需要业主亲自采购。在不熟悉材料的情况下就很难保证装修的品位和质量。此外，为了防止偷工减料、偷梁换柱等"潜规则"，要全面掌控家装过程，唯一值得提倡的就是快速提高业主的装修水平，学习一套规范且高效的装修方法。

　　《我来帮你做设计》以步骤图解与分析图示的形式讲述家装，将家装设计从风格色调到搭配完全分解，将每一种设计方式都非常透彻地进行分析，让你轻轻松松做家装、快快乐乐住新家。本套书分为《我来帮你做水电》《我来帮你当监工》《我来帮你做设计》和《我来帮你选材料》4册，希望能引导读者圆满完成家装工作。

编　者

① 页眉标题：指示说明页面内容

② 章首图：引导本章节主要内容

③ 章标题：标明本章主题内容

④ 关键词：提示章节核心内容

⑤ 章节导读：快速了解本章节中心思想

⑥ 节标题：标明本节主题内容

⑦ 我来帮你想妙招：预读和提示本节内容中关于装修的妙招

⑧ 正文：详细讲述本章正文内容

⑨ 插图：辅助说明本书正文内容

⑩ 家装小助手：总结并补充本节内容中其他事项

装修设计流程图

01 考察装修市场，了解装修行情

02 查阅相关资料，找准设计定位

03 咨询装饰公司设计师

04 交付设计定金或签订设计合同

05 现场测量，感受空间功能区域

06 设计、绘制平面布置图，反复推敲

07 分析空间结构，局部功能定位

08 确定装修风格流派

09 确定色彩、材质搭配

10 确定家具造型

11 确定陈设与绿化配饰

12 设计、绘制效果图，确定方案

13 根据图纸预算价格

14 装修进场，现场讲解设计方案

15 根据设计方案选购装饰材料

16 根据设计图纸进场施工

17 施工过程中设计变更

18 工程验收，绘制装修竣工图

目　录

P002

P022

P052

P076

P114

P102

P128

第 1 章

家装设计基础

关键词：进场、查看、检测

　　很多人对设计与家装可能很陌生，所以都会请家装设计公司做设计。家装公司都是以一定的模式在做家装设计，所以家庭装修看起来都差不多。但其实真正属于自己的家装是需要自己参与、自己动手设计才能做好的，这是因为每一个家庭对家装的需要都是不一样的。而自己动手做家装设计的话，相信更多是以自己的生活习惯、自己的个人品位去做，这样做出来的家装设计才是自己想要的、满意的设计（图1-1）。想要拥有属于自己的家，那就自己动手、动脑做自己的家装设计吧！

图1-1 家装设计

1.1 家装设计概念

要想做好家装设计，首先要对家装设计建立一个概念。一个好的家装设计就是在满足功能的前提下做出令自己喜欢的家居环境的过程。家装设计中最重要的是处理好空间上的布局关系，空间上的布局处理好了，其余的就都好解决了。因此，拿到新房钥匙，首先考虑的是每个房间的使用功能，而不是花哨的装饰。

简单地说，家装设计就是为了满足人们对于家庭空间在物质和精神上的功能要求所进行的理想的内部环境设计。通俗地说，家装设计就是要设计出美观实用的家庭居住环境（图1-2、图1-3）。

图1-2 客厅（一）

图1-3　客厅（二）

1.1.1　设计的意义

设计是一个要求既专又泛的专业。一个设计师必须是个杂家，除了有专业知识，还需要对各行各业都有所了解，更需要对各种生活方式有一定的体会。只有眼界足够开阔，才能在设计时信手拈来。有时候生活方式和生活情景就是最好的灵感来源。整天关在自我的空间中冥思苦想抓破头皮，是现在很多年轻设计师常见的状态，他们缺乏阅历的积沉，很多时候只是待在一个固定的圈子里，未能用开阔的眼界去看看外面的世界。设计应该是不同领域和不同文化之间的融合。设计要不断走向成熟，就必须走出自己的圈子，不断地和外界交流。要做好一个设计就需要对设计知识有一个基本的了解，首先要熟悉的就是空间知识（图1-4、图1-5）。

1. 空间关系

创造合理的内部空间关系，即根据家庭住宅室内空间的类型，性质和实用功能科学地组织内部空间，要尽量做到布局合理、过道宽敞、空间层次清晰明确。各个房间之间的关系应当是并列关系，相互呼应、相互关联。例如，从卧室中出来不必走太远就能进入卫生间，或者直接将卫生间的门开向卧室（图1-6、图1-7）。

图1-4　客厅空间

图1-5　卧室空间

图1-6　卧室与卫生间开门

图1-7　卧室中的卫生间

图1-8 朝南户型

图1-9 大门带气窗

图1-10 硅藻泥背景墙

图1-11 壁纸墙面

2. 空间环境

创造舒适的内部空间环境,就是要满足人们在生理上对室内空间环境感到舒适的要求,如适宜的室温、良好的通风、适度的照明等都能使人感到舒适。现在很多中小户型都是朝南开窗,采光不错,但是没有向北开窗,这就造成了采光但不通风,只有打开入户大门才能获得通风,这时可以根据需要换装带有窗扇的大门,就可在一定程度上达到通风的效果(图1-8、图1-9)。

3. 空间情调

创造惬意的室内空间环境,就是要满足人们的精神要求,使人们在室内工作、生活和休息时感到心情愉快,特别表现为家居环境的造型和空间的处理、色彩的搭配等方面使人们对环境的情调和意境感到钟情合意。壁纸、壁布、硅藻泥都是在不断更新的产品,色彩丰富,变化多样,它们对提升空间情调很有帮助。此外,这类材料可以随意更换,操作起来难度也不大,是现代装修的流行趋势(图1-10、图1-11)。

4. 空间使用

一件看起来凸显创意的家居产品或者一个很有设计感的家居空间,在使用一段时间后,人们从中会渐渐发现许多独到的概念和设想,虽然十分有趣,但实用性却令人怀疑,要么是与使用者或使用条件相冲突,要么是无意义地追加了累赘的功能。无数的实践证明,实用性才是设计最持久的生命力,是设计能获得人们认同、实现商业价值的根本力量;今日使用功能上的拓展与突破也最有可能成为明日设计中经典的创新(图1-12~图1-15)。

1.1.2 设计的生命力

很多装修消费者对装饰公司的设计作品并不满意,感到很无助,无论怎样表达自己的想法,在设计师那里都很难得到满意的答复。眼下的家装设计为何实用性不尽如人意、少有蓬勃的生命力呢?原因主要有三点:畏苦畏难、缺乏实用、简单照搬。

为增强设计的生命力,设计者应做到以下三点。

1. 杜绝畏苦畏难

畏苦畏难是造成设计作品缺乏生命力的重要原因。说到设计的过程,很多人都认为设计者的感性和直觉是最为重要的,并且大多数设计都是从最开始形成的"那种感觉"出发,感觉构成了设计的中心。其实不然。一项设计从开始形成方案到最后付诸实施,要经历挖空心思搜集详细数据、研究素材、与工程师进行讨论等很多程序,经过所有这些努力后,设计才最终完成。那种哗众取宠的设计是没有这样的过程的,一些年轻设计师畏苦畏难,以"灵感"为幌子,故意绕开这个艰苦的过程,才导致设计出的作品缺乏生命力的可悲状况。

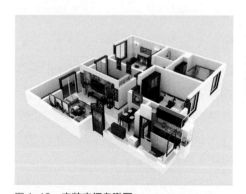

图1-12 家装空间鸟瞰图

图1-13 家装空间模型

图1-14 客厅家装设计效果图

图1-15 餐厅家装设计效果图

现在大多数设计师在工作之前都会考虑一个问题——怎样揣摩客户的心理。他们千方百计地询问装修消费者对设计的要求。然而，一头雾水的消费者连几间房的位置关系都没有搞清楚，是无法给设计师任何建设性意见的。这些设计师需要的是明确的答案，再通过图纸将这个答案表述出来。他们并没有去独立进行创意，他们也不敢去随意创意，因为每个人的审美都是不同的，自己设计的效果再好，是否能赢得装修消费者认可，还是存在不确定性的。长此以往，畏苦畏难的工作心理就形成了，不愿意设计或少设计就成为提升设计作品质量的绊脚石。

2. 增强实用性

作为设计师，若不关注生活以及生活在里面的人，很难设计出实用、好用的作品。设计师要更多考虑如何让创意不着痕迹地融入到居家生活之中，如何被使用，不能为了设计而设计。坚持实用性，除了要近距离地观察生活，还要在汹涌的时尚潮流中保持清醒、懂得取舍。能从流行趋势中了解大众的兴奋点，为自己的工作提供一种新的角度，足矣。亦步亦趋地追随潮流，只会丧失自我，离鲜活的生活实际越来越远。

每个人的生活习惯不同，要通过装修去改变一个人或一个家庭的生活习惯是很难的。有的小两口结婚后每天在家做饭，连餐桌上方都要求设计排烟管道，以方便做烧烤和火锅；而有的五口之家却都在忙于工作、学习，没有时间顾及团聚与会餐，甚至希望将餐厅改为书房。虽然由这两种截然不同的生活习惯会产生出两种极端的装修布局，但是对于这两类家庭而言，这两种极端的布局无疑就是最好用的设计（图1-16、图1-17）。

3. 避免简单照搬

当下设计的全球化是一种趋势，但这并不等于可以简单地将别人的东西拿过来就用。简单模仿是造成设计缺乏生命力的又一个原因。设计师仿佛都在以欧美国家的美学作为一种标准，进行复制、翻版，以致丧失了设计的民族风格和人文特色。其实欧美人的生活方式与我们是不同的。在抄袭还是借鉴这件事上，日本做得比较好。许多西方的家居产品进入日本后，都可以变出似曾相识又很截然不同的东西，这些东西都能贴合日本人的生活方式（图1-18~图1-21）。

一位日本设计师说过："我们并没有在做设计时特意地套上日本的东西。可能还是由于日本人的民族氛围感很强，我们生活在这样的环境下，不自觉地就会按照'日本人'的方式来思考。"是到了回归基本价值的时候了，食物我们要无添加剂的，设计我们也应该要最真实的。

图 1-16　比较正式的餐厅

图 1-17　比较随意的餐厅

图 1-18　日式陈设品（一）

图 1-19　日式陈设品（二）

图 1-20　日式家居（一）

图 1-21　日式家居（二）

★家装小助手★

　　一个好的家装设计是从空间布局上去分析的。毕竟家是以人为本，空间布局的合理性决定着空间的舒适度，所以不要只追求美观，更重要的是追求实用，在满足实用的基础上再去考虑美观的设计，这才是好设计。

1.2 家装设计分类

我来帮你想妙招

　　家装设计主要涉及住宅、公寓和宿舍的室内设计。这些方面的设计虽然性质不同，但是都有满足基本起居的功能。空间应当串联起来设计，而不是单独设计，风格和材料应尽量统一，既整体又节约。面积较大的住宅功能更齐备，设计起来很容易，而对于功能经过提炼的较小空间来说，需要找准重点才能设计到位。

1.2.1 住宅设计

　　住宅设计是现代室内设计中最主要的设计类型。随着人们生活水平的提高，在住宅设计中所需要的功能区间也越来越多，一般包括门厅、客厅、餐厅、书房、卧室、厨房、卫生间和阳台等。

　　在住宅设计中最重要的是几个相互穿插的功能区间的整体性设计，如客厅和餐厅空间的整体协调性设计。同时要注意功能性，不能只追求美观而忽略功能，毕竟住宅是给人居住使用的，功能性还是占据主导地位（图1-22～图1-25）。

1.2.2 公寓设计

　　公寓设计和住宅设计基本相同，只是公共功能区间增大，个人平均使用面积相对减少。既然公共功能区间增大，也就是要以公共功能区间的设计为主，在设计功能功能区间的时候要满足多人使用而不相互影响的特性。公寓布局一般为套间，外部是客厅、厨房，内侧是卧室。或者与酒店标准间相当，厨房卫生间在入口处，起居空间是通透的（图1-26～图1-29）。

图1-22　住宅（一）

图1-23　住宅（二）

图1-24　住宅（三）

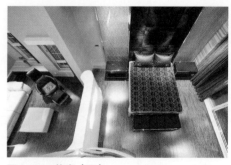

图1-25　住宅（四）

图1-26　公寓（一）

图1-27　公寓（二）

图1-28　公寓（三）

图1-29　公寓（四）

1.2.3　宿舍设计

宿舍设计是室内设计中相对简单的设计类型。宿舍需要的功能相对较少，一般包括起居功能、化妆功能、工作功能、娱乐功能和储藏功能等。

在宿舍设计中，储藏空间的面积一定要大。一般宿舍的整体空间面积比较小，在满足其他功能的情况下储藏功能就略显不足，因此需要充分利用三维空间的知识对宿舍的整体空间进行合理利用，要在满足其他功能的前提下增大储藏空间（图1-30、图1-31）。

图1-30 宿舍（一）

图1-31 宿舍（二）

★家装小助手★

对于家装设计来说，空间的大小并不是约束设计的因素，设计只需要考虑怎样合理地分配各个功能区间。对于家装空间来说，只要能满足主要的起居功能、休闲功能和娱乐功能即可。若有需要或者空间足够大，就可以增加一些其他的功能区间。

1.3 家装设计发展状况

我来帮你想妙招

目前的家装设计已经是一个非常成熟的行业了，这个行业的各个方面都已完善，在施工方面已经非常地快捷，每一个环节都有特定的人员进行承包施工。所以装修消费者要做的就只是参与设计，反复考虑设计中会出现的状况，同时要了解家装设计的来龙去脉，设计完成之后就可以逐步分包施工。

家装设计的发展前景怎么样呢？若从生活的角度来说，衣、食、住、行是与人们生活最为息息相关的四大产业。而在中国，住应该是品牌效应最弱的一个了。为什么会出现如此的现象，现象的背后又隐藏了什么我们所不知道的原因呢？

衣，从整体上说，它是设计产业中最具品牌意识的，无论是企业还是设计师都有其品牌，也都深谙品牌之道。食，各种食品品牌无处不在，满足人们的最基本生理需求。行，虽然国产汽车品牌比不上欧洲品牌，但有代表性的数家民族性企业在我国大众心目中认知度较高。

图1-32　家装客厅样板间

图1-33　家装卧室样板间

住，作为一种真正意义上的商品得以发展还只有不到20年的时间。酒店、商场、办公楼等现代化商业建筑及文化、交通类公共空间也是伴随着中国改革开放的进程同步发展进来的。正是在这样的背景下，中国的家装设计行业才逐渐兴起。作为一门新兴的行业，它有着非常广阔的市场需求，但也正由于此，国内的家装设计公司和设计师最初大多没有品牌意识。随着竞争的愈发激烈以及全球化时代的来临，无序竞争的状态必然走向终结，中国家装设计行业正走向品牌化的发展之路（图1-32、图1-33）。

中国在30多年的改革开放中，固定资产投入达到了前所未有的高峰。100m以上的超高层建筑和30000m² 以上的超大型建筑在中国大地上如雨后春笋，层出不穷。据不完全统计，有近万栋超高、超大型建筑每年产值都在2000亿元左右，为中国的建筑师、室内设计师提供了大显身手的舞台。

但是目前，我国的家装设计中存在着诸多问题，主要有以下几个方面。

1.3.1　抄袭成风

天下文章一大抄，家装设计也存在"天下设计一大仿"的问题，模仿成了行业通则。最初设计师们都在自主创意，带有很强的个性色彩，但是消费群体都有自己的主观意识，他们拿到设计师的图纸后要求不断修改，修改图纸的劳动量很大。于是，设计师们不再将自己的主观想法赋予图纸了，而是随波逐流地设计一些模式化的图纸。当各种模式形成一定数量且比较成熟时，后来的设计师也就相应抄袭了，因为这样才能减轻自己的工作负担，提高工作效率。

1. 风格上的抄袭

设计师们将常见的装修设计风格分为多种形式，每种风格中收集大量图片，在设计时可以根据装修消费者的要求随时调阅，这些图片都经过精心挑选，图片量大，一般装修消费者看到后都会比较满意，当达成基本意向后，设计师就会根据已经分好类别的风格来设计。对于常见的东南亚、简约、田园、简约欧式、新中式等风格，都能快速拿出设计方案，满足不同消费者的需求（图1-34 ~ 图1-37）。

2. 材料上的抄袭

家装材料的品种很多，但是性价比高的材料却很少。例如，目前比较流行的暖白色生态板适合打造田园风格家具；欧式古典风格的宽缝仿古砖、简约造型的石膏线条等，很多设计师都在运用。唯一不同的是墙面乳胶漆的颜色。石材与木材的纹理更是同出一辙。我国近十年进口最多的材料就是大花白、西班牙米黄、金线米黄、美国白麻石材，以及榉木、红影木、樱桃木等。这些材料已经走进了千家万户，在设计上并没有更多新意了（图1-38 ~ 图1-41）。

图1-34　东南亚风格

图1-35　简约风格

图1-36　田园风格

图1-37　简欧风格

图1-38　西班牙米黄

图1-39　美国白麻

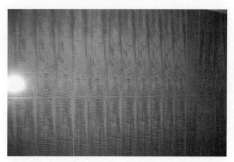

图 1-40　红影木

图 1-41　红樱桃木

3. 造型上的抄袭

什么地方出现了新潮高档的装饰装修工程，如酒店、餐厅、商场、电影院、专卖店等，大家就蜂拥而上，全盘抄袭。将快餐厅的装修造型用到家居餐厅中，将酒店客房的造型用到家居卧室中，只要看上去相关的，能用的和不能用的都用上了。无论是设计师还是装修消费者，寻求的是心理安慰，觉得既然这些造型在更高档的场所都用了，现在用在自己家里，应当也不会错。在中国的装饰装修市场上，外国设计师一直统领着中国的建筑装饰潮流，长此下去，中国的设计师将更加落后，更无市场立足点（图 1-42、图 1-43）。

1.3.2　设计师综合素质一般

从刚刚跨进本世纪开始，我国出现了独立、专业的家装设计师。在刚起步阶段，市场对设计师的需求量很大，有专业学习背景的设计师并不多，于是就出现了很多半路出家的设计师，在大学期间学计算机、建筑、管理、营销等专业的比比皆是，甚至还有体育专业的。他们经过短期绘图软件培训就匆匆上岗，去满足各种装饰公司的需求（图 1-44、图 1-45）。其中只有少数设计师逐渐走上正轨，但更多人都在混时间。这就导致了设计水平一般甚至非常低下的状况。当设计师们不知道该怎样去设计时，就只能将希望寄托在询问上。不断揣摩装修消费者的需求，练就一身"读心术"，希望自己的图纸能完全与消费者达成契合，快速签约施工。

图 1-42　商品陈设式设计

图 1-43　酒店客房式设计

图1-44　小型店面装饰公司

图1-45　大型连锁装饰公司

经过十几年的磨砺，市场发展逐渐平稳了，新出道的设计师有更多的参考资料了，通过网络不仅能掌握更多的设计理念和设计风格，而且还能掌握消费者的心埋需求。他们再与消费者打交道时，心中就踏实多了。全国各地有很多装饰公司都在研究谈判、接单、签约的标准流程，指导设计师与消费者达成一致，这些经验都建立在营销层面上，在设计层面上的却不多。可见，无论是装饰公司，还是设计师个人，大家都把营销摆在第一位，设计、技术都是其次的，虽然赢得了竞争，但是设计品质却在下降。

设计师的综合素质主要体现在生活阅历上。太年轻的设计师具有工作激情，效率高，但是反复修改也会落入疲倦，很快就掌握一套模式来应付消费者；太成熟的设计师会显得老奸巨猾，几句话就能牵着消费者的鼻子走。优秀的设计作品来自于生活阅历，见多识广的设计师能将生活阅历转换为设计元素，会显得比较中庸，既有自己的主见，又会给消费者留有余地，适度让步最终达成双赢。

1.3.3　家装设计精品很少

既然大家都热衷于抄袭模仿，那么家装设计的精品就自然很少了，或者说根本就没有精品了。装修结束后，如果看上去还不错，最大的可能就是与杂志、图册上的效果类似，这些也都是抄袭、借鉴而来的。目前各大地产商的精装样板间都是家装设计师抄袭模仿的对象（图1-46～图1-49）。

当具有一定品位的装修消费者提出自己的装修设计要求时，设计师都会乐此不疲地接受，这样等于减少他们的劳动量，至少不用去无端揣摩了。这时，家装设计到底还是消费者在设计，设计师就是绘图员，没有起到引导和提升的作用，因此，家装设计精品很少。

中国的室内装饰存在的另一个问题是大部分设计师综合知识差，高档工程遇到不当的设计师。据不完全统计，中国设计师设计的高档酒店有80%以上不尽合理，已有60%的酒店急需改造，造成了严重的浪费，也给中国的设计师带来了不好的口碑，很值得我们反思。另外，管理政策不到位，没有重视人才培养，室内设计师的职称资格鉴定比较混乱；市场上存在违反设计客观规律的恶性竞争，价格差距很大；施工队伍粗制滥造，豆腐渣工程多。以上种种因素造成了我国的建筑装饰工程精品甚少，令人担忧。

图 1-46　精品样板间（一）

图 1-47　精品样板间（二）

图 1-48　精品样板间（三）

图 1-49　精品样板间（四）

1.4　家装设计趋势

我来帮你想妙招

　　最简单的家装设计来源于书本。现在市场上的装修图书琳琅满目，文字类与图册类各选购几本，马上就能在脑海中建立初步意向。文字类的图书传输的是装修理论知识，图册类的图书更便于直观借鉴。购书的开销仅仅不过百元，这还不及在装修中木工浪费一张板材的价格。拥有好的指导范本更便于顺利装修。

1.4.1　人性化与人文化

　　人性化和人文化的主题设计首先来源于室内环境的"和谐"，包括环境与空间的和谐、人与空间的和谐、人与空间和环境的和谐等。房间门的开启方向、卫生间洁具的摆放位置、衣柜内的井格划分都能体现人性化，这些是装修消费者生活习惯的反映，需要经过精心设计。人文化主要体现在装修风格与陈设配饰上。家装设计要表现出一定风格才有持久力，表现出风格的装修环境会更有人文说服力，让装修消费者与访客都能达成共识（图1-50、图1-51）。

1.4.2　智能化设计

　　智能化家居是今后家居装饰的重点发展方向。家里的家具、门窗、照明器具、电器、厨房及卫生间用具等，都将根据不同装修消费者在不同时间的不同需求作相应的智能化配置，以满足现代人的生活需求。智能化包括两个方面。其一是所有家居设备电气化，除了家用电器外，还将家用电器以外的设备引入电动功能，如电动窗帘、电动衣柜、电子门锁等，均能通过开关或遥控器来控制，能设定定时开关功能（图1-52、图1-53）。其二是所有电器设备远程控制化，实现手机远程遥控，方便起居生活。

图1-50　卫生间细节

图1-51　陈设配饰

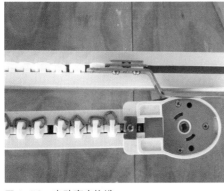

图1-52　电动窗帘构造

图1-53　电子指纹门锁

图 1-54　分离式中央空调

图 1-55　吸顶式中央空调

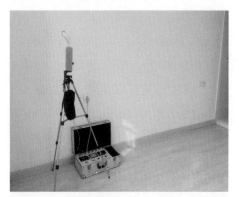

图 1-56　装修环保检测

图 1-57　装修环保治理

1.4.3　节能环保设计

　　节能环保设计源于人类对自然与健康的人性追求，主要体现在对节约能源、节约资源、材料环保等方面的控制。如新的风量标准为 $30m^3/$（小时·人），如果设计的风量低于最新的标准，就达不到环保设计要求，尤其会使室内空气中约有 250 多种有机化合物就得不到有效挥发。这就要求配置相关规格的门窗与空调设备（图 1-54、图 1-55）。

　　此外，节能环保设计还体现在注重材料的材质品质上。当前装修材料的质量差距很大。随着经济水平的逐渐提高，社会群体消费文化观念得到较大改变，人们的日常生活将更加注重品质，在家装中使用面积较大的地砖、木地板、家具等，均会向品牌化、品质化方向发展，要求具备达到环保标准，不购买非环保或室外装修材料，最大程度杜绝甲醛、苯对人体的危害（图 1-56、图 1-57）。

1.4.4　更加注重中国传统文化的运用

　　随着经济的快速发展，虽然中国人的文化视野逐渐开阔，但人们也开始认识到，越是西方化的东西越不能让自己得到长久的满足，反而中国化的东西更能够打动自己。所以大家更向往一种既有西方现代文化风格又有中国传统思维的手法，并使之融入自己的日常生活中。在今后的家装设计中，设计师们在进行设计构想时，将会更加注重中国传统文化元素的运用，从而深入体现中国家居文化的深厚内涵（图1-58、图1-59）。

新中式风格就是一种完美的体现，它是在简约风格的基础上融入中国传统元素，属于一种全新的后现代主义潮流，装修精致又方便生活，尤其是在后期配饰与家居气氛的营造上，运用灯饰、家具、挂件来衬托中国传统文化，同时还可以随意摆放现代风格的日用品与软装配饰，以进一步轻松生活氛围。这些都

从细微之处体现对装修消费者的人性关怀并呈现居住者的文化取向（图1-60、图1-61）。

1.4.5 休闲、休息的空间融合

休闲与休息功能在现代家装设计中得到进一步体现，完美的休闲与休息空间不仅只局限于和谐的空间设计、配饰与家居的合理配套等方面，更体现在人性视觉、色彩利用、空间活动等层面，同时讲求家居的空间格局利用。原创的空间视觉效果讲求的是家居环境的独一性，以及家居原创文化空间的气氛营造，同时让消费者能够深入感受到一种人性的满足（图1-62、图1-63）。

图1-58 现代中式装修（一）

图1-59 现代中式装修（二）

图1-60 中式饰品陈设（一）

图1-61 中式饰品陈设（二）

图 1-62 休闲空间（一）

图 1-63 休闲空间（二）

图 1-64 阳台设计

图 1-65 阳台装修

传统的阳台都会封闭起来用于堆放杂物，现代生活观念发生了变化，物质丰富起来，不用再过度堆积常年不用的物资。阳台由储藏功能转变为晾晒功能，当活动衣架普及后，阳台就彻底解放了，回归到休闲功能。这样，阳台设计的形式就特别丰富了。目前在省会城市，有不少专业从事阳台设计与装修的公司，能完美融合室内外休闲、休息空间（图1-64、图1-65）。

★家装小助手★

由于房地产事业的兴起，家装设计也成了热门行业，大部分的人都会面临家庭装修的问题，而目前的家装费用是不低的，为了更省钱更好地住进属于自己的家，那么就需要自己动手去做自己的家装设计。

由于社会的不断发展，目前的家装越来越偏向现代化、西方化，而一些传统的风格样式就很少有人去做。对于目前的家装来说，要做最省钱又好看的家装，建议做简易欧式风格和现代装饰艺术风格。现代装饰艺术风格是国际上比较流行的家装艺术风格，它体现的是现代人的生活方式和智慧，在材料的选择上以原生态环保的材料为主，这样的家才是放心的、舒适的家。

第 2 章

选定风格流派

关键词：风格、石典、形式

　　风格流派一直都是家装设计的灵魂。没有风格与风格混乱都会让设计显得缺乏活力与耐久的品味空间。要提升设计的品味与持久力，就应当在设计中注入风格。它是历史的沉淀，是经过岁月筛选后呈现出的设计精华。在现代家装设计中，比较流行的风格主要有中式、欧式古典、日式、东南亚、地中海、田园、北欧、艺术装饰、Loft 等。在选定哪种风格时要深入把握这些风格的历史渊源，结合自己的爱好与文化品味，不可盲目随从。

2.1 中式风格

我来帮你想妙招 ▬▬▶

　　现代的中式风格可以分为两种。一种是中式古典风格，一种是新中式风格。这两种风格中，一种是古典气息，适合具有怀旧喜好的人；另一种是现代气息适合现代的年轻人。要根据自己的个人喜好和性格选择自己喜欢的设计风格。

2.1.1 中式古典风格

　　中式古典风格的家居装修设计是指在室内布置、造型、色彩、家具、陈设等方面吸取我国传统建筑室内的设计构造和特征，运用现代装饰材料来营造出古典审美环境。中式古典风格常给人以历史延续和地域文脉相承的感受，它使室内环境突出了民族文化渊源的形象特征。我国是个多民族国家，所以中式古典风格实际上还包含民族风格，各民族所在地区、气候、环境、生活习惯、风俗、宗教信仰、当地建筑材料和施工方法不同,具有独特的形式与风格(图2-2、图2-3)。

　　中式古典风格的常规特征是以木材为主要材料，充分发挥木材的物理性能，创造出独特的木结构或穿斗式结构，讲究构架制式的原则；建筑构件规格化，重视横向布局，利用庭院组织空间，用装修构件分隔空间，注重环境与建筑的协调，善于利用环境创造气氛；运用诸如彩画、雕刻、书法、盆景、家具、陈设品等艺术装饰手段来营造意境（图2-4 ~图2-7 ）。

图 2-1　装修风格选定

图2-2　中式古典风格（一）

图2-3　中式古典风格（二）

图2-4　中式古典陈设（一）

图2-5　中式古典陈设（二）

图2-6　中式古典陈设（三）

图2-7　中式古典陈设（四）

中式古典家居在饰品配饰上应该遵循以下几点。

1. 对称原则

东方美学讲究对称，把融入了中式元素具有对称性的图案用来装饰，再把相同的家具、饰品以对称的形式予以摆放，就能营造出纯正的东方情调，更能为空间带来历史价值感和墨香的文化气质。对称设计是中国建筑、家具等普遍采用的构造原则。对称能够减少视觉上的冲击力，给人们一种协调、舒适的视觉感受，所以在饰品配饰过程中应该采用对称原则来摆放饰品（图2-8、图2-9）。

2. 典型元素的应用

中式家具风格的包装元素应该从中国悠久的历史中探索。能够代表中式古典家居风格的元素很多，比如中国字画，其清新淡雅、行云流水，不论用于客厅还是书房都能体现出主人优雅的生活品位，而瓷器、中国结、京剧脸谱、宫灯等都是中式古典元素的代表；另外，扎染、蜡染的布艺，以及女红盘扣等都可以应用在配饰上，床上用品面料也可以用有代表性的丝绸面料，以突出室内的华丽。以笔、墨、纸、砚为代表的文房四宝等都是中式风格元素的体现。此外，装饰挂件、陈设、收藏品、花瓶都是不错的选择（图2-10～图2-13）。

3. 色彩应用

中式古典家居风格饰品的色彩可采用有代表性的中国红和中国蓝，居室内不宜用较多色彩进行装饰，以免打破优雅的家居生活情调。色彩不宜明快，应以沉稳的灰色调为主。绿色尽量以植物代替，如吊兰、大型盆栽等（图2-14～图2-17）。

图2-8　对称（一）

图2-9　对称（二）

图2-10　壁挂

图2-11　饰品与挂件

图2-12　收藏品

图2-13　花瓶

图 2-14 沉稳的色彩（一）

图 2-15 沉稳的色彩（二）

图 2-16 绿化（一）

图 2-17 绿化（二）

图 2-18 梅花装饰壁画

图 2-19 茉莉花壁画

4. 图案应用

典型的中式图案来源于大自然中的花、鸟、虫、鱼等。花卉中的牡丹花型丰满、色彩娇艳，被诗人称为"国色天香""花中之王""花中富贵"，故象征富贵。梅花，优雅飘逸、傲霜斗雪，象征坚强，因此自古以来为我国的无数文人所赞咏，他们常以梅花来表现自己的情趣、人格或情操。茉莉象征纯洁、优美（图 2-18、图 2-19）。

5. 门窗风格

门窗的风格对中式风格的确定很重要，因中式门窗一般均是用棂子做成方格或其他中式的传统图案，用实木雕刻成各式题材造型，打磨光滑，富有立体感。天花以木条相交成方格形，上覆木板，也可做简单的环形的灯池吊顶，用实木做框，层次清晰，漆成花梨木色（图2-20、图2-21）。

2.1.2 新中式风格

在现代家装设计中要快速融入中式古典风格，可以适当选用中式家具和装饰图案。中式家具主要包括案、桌、椅、床、屏风。每一件中式家具虽然只是整个家居空间的细节，但放在任何位置都能决定这个地方的气质。经过数千年的传承目前还可见到的中式家具都是经过筛选后的经典，所以也就具备了极高的融合性。在现代家居空间中摆放一件中式家具能给环境增添不少稳重感，适用于有涵养的知识家庭。此外，室内设计的装饰手法是中国人含蓄气质的体现。蝙蝠、鹿、鱼、鹊、梅是较常见的装饰图案。梅、兰、竹、菊等图案则是一种隐喻，借用植物的某些生物学特征赞颂人类崇高的情操与品行。

现代中式风格也被称作"新中式风格"，是我国传统风格文化理念在当前时代背景下的演绎，是在对我国当代文化充分理解基础上进行的现代设计。新中式风格不是纯粹的元素堆砌，而是通过对传统文化的认识，将现代元素与传统元素结合在一起，以现代人的审美需求来打造富有传统韵味的事物，让传统艺术的脉络传承下去（图2-22～图2-25）。

图2-20　中式门窗花格

图2-21　中式门窗花格设计

图2-22　新中式设计（一）

图2-23　新中式设计（二）

图 2-24　新中式设计（三）

图 2-25　新中式设计（四）

★家装小助手★

　　在现代设计中，对于中式古典风格和新中式风格，大多数人都更加喜欢新中式风格。新中式风格与时俱进、与现代生活方式接轨的特点更加适合现代人。而且从造价上来比较，新中式风格的造价会相对便宜很多，中式古典风格的家具大多是实木家具，价格昂贵。对于这两种风格，个人推荐新中式风格。

2.2　欧式古典风格

我来帮你想妙招

　　欧式风格为当代室内设计常用的风格之一，其有趣的曲线设计风格、严谨的装饰法则、丰富艳丽的色彩，以及深厚的文化底蕴一直被世界各国的人们所追捧。需详细深入地对其历史发展脉络进行梳理，对其装饰特征进行全面的总结，才可以对其特征有一个宏观、系统的认识，并在应用时完善地挖掘其重点装饰元素。

　　典型的欧式古典风格以华丽的装饰、浓烈的色彩、精美的造型达到雍容华贵的装饰效果。欧式客厅顶部常用大型灯池，并用华丽的枝形吊灯营造气氛。门窗上半部多做成圆弧形，并用带有花纹的石膏线镶嵌墙角。室内一般要布置壁炉，墙面用高档壁纸或优质乳胶漆以烘托豪华效果。地面材料以石材或地板为主。欧式客厅要用家具和软装饰来营造整体效果。在设计上，材料选用高档红胡桃饰面板、古典纹理壁纸、仿古砖、石膏装饰线等。室内所有陈设、油画、经典造型家具一般需精心挑选（图 2-26 ～图 2-29）。

家装设计基础

第2章 选定风格流派

色彩质地搭配

借鉴参考原则

图纸绘制表现

成本预算控制

案例分析

图 2-26　欧式古典设计（一）

图 2-27　欧式古典设计（二）

图 2-28　欧式古典设计（三）

图 2-29　欧式古典设计（四）

欧式古典家居风格有的不只是豪华大气，更多的是惬意与浪漫，通过完美的点、线、面的结合，以及精益求精的细节处理，带给业主不尽的触感。实际上和谐是欧式古典风格的最高境界。同时，欧式古典装饰风格最适用于大面积住宅；若空间太小，不但无法展现其风格气势，反而对生活在其间的家人造成一种压迫感（图 2-30 ～图 2-33）。

欧式古典风格的家具很多，选择时要尽量注意款式与材质，还可以选择一些比较有特色的墙纸来装饰房间。欧式古典风格的住宅选用线条烦琐、看上去比较厚重的画框才能与之匹配。欧式风格大多采用白色、淡色为主要颜色，可以采用白色或色调比较跳跃的靠垫配白木家具。另外靠垫的面料和质感也很重要。在欧式家居中，亚麻面料和方格图案就不太合适，如果是丝质面料则更显高贵（图 2-34）。

图 2-30　欧式古典设计（五）

图 2-31　欧式古典设计（六）

图 2-32　欧式古典设计（七）

图 2-33　欧式古典设计（八）

图 2-34　欧式白色家具

图 2-35　欧式复式住宅装修

图 2-36　天花彩绘

是普通居室，客厅与餐厅最好还是铺设实木地板。如果部分用地板，部分用地砖，房间反而会显得狭小。欧式古典风格中地面的主要角色应该由地毯来担当。地毯的舒适脚感和典雅的独特质地与西式家具搭配起来相得益彰。墙面镶以木板或皮革，再在上面涂刷金漆或绘制优美图案。天花板一般以装饰石膏线条为主或饰以珠光宝气的古典彩画（图2-35、图2-36）。

如果是复式住宅的一楼大厅，地板可以铺设石材，这样会显得大气。如果

★家装小助手★

　　欧式古典家装风格是欧洲中世纪时期的整体风格体现，它具有一定的历史感。这种风格主要是欧洲中世纪的皇家贵族或富豪家中的装修样式，装修效果十分地富丽堂皇，对于普通大众来说华而不实，并不适合当代的家装设计。这种装修风格个人并不推荐。

2.3 日式风格

日本建筑的传统室内设计风格一般被称为"日式风格"或"和式风格"。日式设计风格直接受日本和式建筑的影响，讲究空间的流动与分隔：流动则为一室，分隔则变为几个功能空间，在空间中总能让人静静地思考，禅意无穷。传统的日式家居将自然界的材质大量运用于居室装修、装饰中，不推崇豪华奢侈、金碧辉煌，以淡雅节制、深邃禅意为境界，重视实际功能。日式风格特别能与大自然融为一体，借用外在自然景色为室内带来无限生机。选用材料特别注重自然质感，以便使人与大自然亲切交流，其乐融融。在日式家居装修中，大多会配有散发着稻草香味的榻榻米，营造出朦胧氛围的半透明樟子纸，以及自然感强的天井，贯穿在整个房间的设计布局中，而天然材质是日式装修中最具特色的部分（图2-37～图2-42）。

图2-37　日式装修风格（一）

图2-38　日式装修风格（二）

图2-39　日式装修风格（三）

图2-40　日式装修风格（四）

图 2-41　日式装修风格（五）

图 2-42　日式装修风格（六）

图 2-43　现代日式装修（一）

图 2-44　现代日式装修（二）

图 2-45　现代日式装修（三）

图 2-46　现代日式装修（四）

　　传统的日式家具以其清新自然、简洁淡雅的独特品位形成了独特的家居风格，对于生活在都市"森林"中的人来说，日式家居环境所营造的闲适写意、悠然自得的生活境界令人向往。日式低床矮案给人以非常深刻的印象。传统日式家具的形制与古代中国文化有着很大的关系，而现代日本家具则完全受欧美国家熏陶。例如，日本现在极常用的格子门

窗就是在中国宋朝时传去的。明治维新以后，在欧风美雨之中，西洋家具伴随着西洋建筑和装饰工艺强势登陆日本，因其设计合理、形制完善、符合人体工学，对传统日式家具形成了巨大的冲击。但传统家具并没有消亡。时至今日，西式家具在日本仍然占据主流，而双重结构的做法也一直沿用至今。在现代日本家居风格中，客厅、餐厅等外部空间使

用沙发、椅子等现代家具，书房、卧室等内部空间则使用榻榻米、灰砂墙、杉板、糊纸格子拉门等传统家具。"和洋并用"的生活方式为绝大多数人所接受，而全西式或全和式却很少见（图2-43～图2-46）。

★家装小助手★

日式家装风格创造出非常安逸的家居空间，它来源于传统的中国文化，对于现代的生活空间来说，可以在休闲的空间参考使用，但不能大面积地使用。日式的家居在市场上量少，而且价格不便宜。整体装修下来，看似很简单，其实与中式古典风格差不多。

2.4 东南亚风格

我来帮你想妙招

东南亚风格是从广东南下商人到南洋各个地方居住时开始慢慢形成的，加上中国人以往的装修都非常注重手工制作，这种风格慢慢和当地的生活互相融合，最终形成了如今的东南亚风格。这种风格最能体现下海的商人对生活品质的不懈追求，以及商人对信誉和品质的继承和传承，与中华民族源远流长的厚重历史有着异曲同工之妙。

东南亚家居风格结合了东南亚各民族岛屿的特色，广泛地运用木材和其他天然原材料，以水草、海藻、木皮、麻绳、椰子壳等粗糙、原始的纯天然材质为主，带有热带丛林的味道；在色泽上保持自然材质的原色调，大多为褐色等深色系；在视觉上给人以泥土质朴的气息；在工艺上注重手工制作而拒绝批量生产，以纯手工编织或打磨为主，完全不带一丝工业化的痕迹，淳朴的味道尤其浓厚，非常符合时下人们追求健康环保、人性化、个性化的价值理念，于是东南亚风格迅速深入人心，其审美观念也升华为一种生活态度（图2-47～图2-50）。

东南亚家具在设计上逐渐融合西方的现代概念和亚洲的传统文化。通过不同材料和色调的搭配，东南亚家具在保留自身特色之余，也产生更加丰富多彩的变化，尤其是融入中国特色的东南亚家具，重视细节装饰的设计，越来越受到我国业主的欢迎。东南亚家具在材料上的运用也有其独到之处，大部分的东南亚家具采用两种以上不同材料混合编织而成。藤条与木片、藤条与竹条，材料之间的宽、窄、深、浅形成有趣的对比，各种编织手法的混合运用令家具作品变成了一件手工艺术品，给人以细细品味的空间（图2-51～图2-54）。

图 2-47　东南亚风格装修（一）

图 2-48　东南亚风格装修（二）

图 2-49　东南亚风格装修（三）

图 2-50　东南亚风格装修（四）

图 2-51　东南亚装饰品（一）

图 2-52　东南亚装饰品（二）

图 2-53　东南亚装饰品（三）

图 2-54　东南亚装饰品（四）

图 2-55　东南亚家具（一）

图 2-56　东南亚家具（二）

图 2-57　东南亚家具（三）

图 2-58　东南亚家具（四）

东南亚风格的特点还在于选用布艺饰品。用布艺装饰适当进行点缀能避免家具的单调，可以令空间更显活跃。在选择布艺色调时，东南亚风格标志性的深褐色会在光线中变色，沉稳中透着点贵气。当然，在搭配方面也有些很简单的原则：深色的家具适宜搭配色彩鲜艳的装饰，如大红、嫩黄、紫蓝，而浅色的家具则应该选择搭配浅色或其对比色，如米色可以搭配白色或者黑色，或显温馨，或显跳跃，搭配的效果非常出众（图2-55～图2-58）。东南亚不乏许多有创意的民族，不乏独特的宗教和信仰，带有浓郁宗教情结的家饰也相当风靡，随处是人脸面具、装饰木雕等，让人眼花缭乱。

★家装小助手★

东南亚家装风格是一个不错的装修风格，很多沿海的酒店都会融入东南亚的风格。这种风格看起来十分地质朴、安逸，而且色彩比较靓丽，给人一种眼前一亮的感觉，在家具的配饰上面可以借鉴使用这种的搭配方式，效果应该十分不错。建议搭配上使用这种风格样式。

2.5 地中海风格

　　追求时尚浪漫、渴望自由悠闲的生活方式，喜欢阳光、大海，能够接受异域情调生活的人群都喜欢地中海风格的装修。地中海风格在组合设计上非常注意空间搭配，充分利用每一寸空间，且不显局促、不失大气，集装饰与应用于一体，在柜门等组合搭配上避免琐碎，显得大方、自然，让人时时感受到地中海风格家具散发出的古老尊贵的田园气息和文化品位。

　　地中海原指地球的中心，由于其物产丰饶，且现有的居民大都是世居当地的人民，因此，孕育出丰富多样的风貌。地中海风格的基础是明亮、大胆、简单、色彩丰富以及具有鲜明的民族特色。重现地中海风格不需要太大的技巧，而是保持简单的意念，捕捉光线、取材于大自然，大胆而自由地运用色彩即可（图2-59～图2-62）。

图2-59　地中海风格装修（一）

图2-60　地中海风格装修（二）

图2-61　地中海风格装修（三）

图2-62　地中海风格装修（四）

地中海风格的特色是拱门、半拱门与马蹄状门窗。室内的圆形拱门及回廊通常采用数个连接或以垂直交接的方式，在走动观赏中，出现延伸般的透视感。此外，家居的非承重墙均可运用半穿凿或者全穿凿的方式来塑造室内的景中窗，这是地中海家居的一个情趣之处（图2-63、图2-64）。

地中海风格对我国城市家居的最大魅力就是纯美的色彩组合。地中海风格也可以按照自然地域出现的三种典型颜色来搭配，分别是蓝与白，黄、蓝紫与绿，土黄与红褐。线条是构造形态的基础，因而在家居中是很重要的设计元素（图2-65～图2-68）。地中海沿岸房屋或家具的线条不是直来直去的，显得比较自然，因而无论是家具还是建筑，都形成了一种独特的浑圆造型。在白墙上不经意地进行涂抹修整能形成一种特殊的肌理效果。

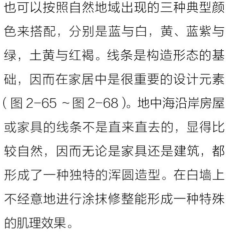

图2-63　地中海门洞（一）

图2-64　地中海门洞（二）

图2-65　地中海风格暖色（一）

图2-66　地中海风格暖色（二）

图2-67　地中海风格冷色（一）

图2-68　地中海风格冷色（二）

地中海风格的装饰手法也有很鲜明的特征。家具尽量采用低纯度、线条简单且修边浑圆的木质产品。地面则多铺赤陶或石板色泽的仿古砖。马赛克在地中海风格中算是较为华丽的装饰，主要利用小石子、瓷砖、贝类、玻璃片、玻璃珠等素材，切割后再进行创意组合。在室内，窗帘、桌巾、沙发套、灯罩等均以低纯度色调和棉织品为主。素雅的小细花条纹格子图案是主要特色。独特的锻铁艺家具也是地中海风格独特的美学产物。同时，地中海风格家居还要注意绿化，爬藤类植物是常见的居家植物，小巧可爱的绿色盆栽也经常看见，流露出古老的文明气息（图2-69～图2-72）。

图 2-69　地中海风格陈设（一）

图 2-70　地中海风格陈设（二）

图 2-71　地中海风格陈设（三）

图 2-72　地中海风格陈设（四）

★家装小助手★

地中海家装风格是很有特色的一种风格，它最大的特点就是使用圆形拱门窗及回廊之间的穿插，使整个居室空间显得十分地轻快灵活。墙面上一般采用浅蓝色和米黄色进行搭配，体现大海的感觉。这种风格并不会违背现代人的生活方式，比较适合现代人进行装饰。推荐使用这种装修风格。

2.6 田园风格

欧式田园风格，在设计上讲求心灵的自然回归感，给人一种扑面而来的浓郁气息，其特点主要在于家具的洗白处理及大胆的配色，以明媚的色彩设计方案为主要色调，充分体现业主所追求的一种安逸、舒适的生活氛围。

田园风格是以田野和园圃特有的自然特征为形式手段，表现出带有一定程度的农村生活或乡间艺术特色，烘托出自然闲适的风格。田园风格又称为"乡村风格"，分为英式田园风格、法式田园风格、美式田园风格、中式田园风格等几种，现在比较流行的是美式田园风格。美式田园风格倡导回归自然，在室内环境中力求表现悠闲、舒畅、自然的田园生活情趣，也常运用天然木、石、藤、竹等材质质朴的纹理，巧妙地布置室内绿化，创造出自然、简朴、高雅的氛围（图2-73～图2-76）。

英式田园风格多以奶白、象牙白等白色为主，高档的桦木、楸木等做框架，配以高档的环保中纤板做内板，优雅的造型、细致的线条和高档油漆处理都使得每一件产品像优雅成熟的中年女子含蓄温婉、内敛而不张扬，散发着从容淡雅的生活气息，又宛若姑娘十八清纯脱俗的气质，无不让人心潮澎湃、浮想联翩。英式田园风格的家具特点主要在华美的布艺以及纯手工的制作上，布面花色秀丽，多以纷繁的花卉图案为主。碎花、条纹、苏格兰图案是英式田园风格家具永恒的主调。家具在材质上多使用松木、椿木，制作以及雕刻全是纯手工的，十分讲究（图2-77～图2-80）。

图2-73　田园风格装修（一）

图2-74　田园风格装修（二）

图 2-75 田园风格装修（三）

图 2-76 田园风格装修（四）

图 2-77 英式田园风格（一）

图 2-78 英式田园风格（二）

图 2-79 英式田园风格（三）

图 2-80 英式田园风格（四）

　　法式田园风格最明显的特征是家具的洗白处理及配色上的大胆鲜艳。洗白处理使家具流露出古典家具的隽永质感，黄色、红色、蓝色的色彩搭配则反映出丰沃、富足的大地景象。而椅脚被简化的卷曲弧线及精美的纹饰所修饰也是优雅生活的体现（图 2-81 ~ 图 2-84）。

　　美式田园风格有务实、规范、成熟的特点，在材料选择上多倾向于较硬、光洁、华丽的材质。餐厅基本上都与厨房相连，厨房的面积较大，操作方便、功能齐全。在厨房中，一般都会有一个不大的简餐区。厨房的多功能还体现在家庭内部成员多在此进行交流。这两个区域与客厅能连成一个大空间，成为家庭生活的重心。起居室一般较客厅空间低矮平和，选材上也多取舒适、柔性、温馨的材料组合，可以有效地建立起一种温情暖意的家庭氛围。除了主卧室外，该风格也会依据家庭自身的要求和特点，分别设计不同风格的书房、客房、次卧室、休闲娱乐室等空间，以满足家庭成员多样化的要求。卫生间的设计也同样注重功能，安全方便是首要考虑的因素。另外，美国田园风格在卫生间的选材上自由度较大，墙面上用防水墙纸、木材等材料的情况也屡见不鲜（图2-85 ~ 图2-88）。

图 2-81　法式田园风格（一）

图 2-82　法式田园风格（二）

图 2-83　法式田园风格（三）

图 2-84　法式田园风格（四）

图 2-85　美式田园风格（一）

图 2-86　美式田园风格（二）

图 2-87 美式田园风格（三）

图 2-88 美式田园风格（四）

中式田园装修在空间上讲究层次，多用隔窗、屏风来分割，用实木做出结实的框架，以固定支架中间用棂子雕花的形式做成古朴的图案。门窗的样式对确定中式风格很重要，因中式门窗一般均是用棂子做成方格或其他中式的传统图案，用实木雕刻成各式题材造型，打磨光滑，富有立体感。天花板以木条相交成方格形，上覆木板，也可做简单的环形的灯池吊顶，用实木做框，层次清晰，漆成花梨木色。 家具陈设讲究对称，重视文化意蕴；配饰擅用字画、古玩、卷轴、盆景等精致的工艺品加以点缀，更显主人的品位与尊贵；木雕画以壁挂为主，更具有文化韵味和独特风格，体现出中国传统家居文化的独特魅力（图 2-89 ~图 2-92）。

图 2-89 中式田园风格（一）

图 2-90 中式田园风格（二）

图 2-91 中式田园风格（三）

图 2-92 中式田园风格（四）

中式田园风格的基调是丰收的金黄色，尽可能选用木、石、藤、竹、织物等天然材料装饰。软装饰上常有藤制品，有绿色盆栽、瓷器、陶器等摆设。中式风格的特点是在室内布置、线形、色调以及家具、陈设的造型等方面吸取传统装饰中"形"与"神"的特征，以传统文化内涵为设计元素，革除传统家具的弊端，去掉多余的雕刻，糅合现代西式家居的舒适，根据不同户型的居室采取不同的布置。中国传统居室非常讲究空间的层次感。这种传统的审美观念在中式风格中又得到了全新的阐释：依据住宅使用人数的不同做出分隔的功能性空间，采用"哑口"或简约化的"博古架"来区分；在需要隔绝视线的地方，则使用中式的屏风或窗棂。通过这种新的分隔方式，单元式住宅就能展现出中式家居的层次之美（图2-93、图2-94）。

图2-93 中式田园风格（五）

图2-94 中式田园风格（六）

★家装小助手★

田园家装风格是最具有美学概念的家装风格，这种家装风格也是最能打动人的一种装修艺术风格，但它的造价会比普通的装修风格略高，但比传统的一些家装风格要低很多。它主要注重的是家具配饰上的统一，而且墙面上需要使用一些木材，但现在的仿真壁纸已经十分成熟，可以在局部使用仿真壁纸替代。圆形拱门窗也是这种家装风格不可少的，总合性价比比较高。推荐使用这种家装风格。

2.7 北欧风格

我来帮你想妙招 ❗

　　北欧风格装修以简洁、现代、自然的设计风格为理念，所以非常受年轻人的青睐。北欧特有的地理、资源等因素形成了它独特的室内装修风格。北欧风格装修的简约大方相信会为你打造一个精致的家居生活。

　　北欧风格是指挪威、瑞典、丹麦、芬兰、冰岛等欧洲北部国家的室内装饰特征与设计表现形式。由于这些国家靠近北极，气候寒冷，森林资源丰富，因此形成了独特的室内装饰风格。北欧风格体现简洁、现代的设计品位，比较符合年轻人的口味。北欧风格注重在材质上精挑细选，在工艺上尽善尽美，讲究回归自然，崇尚原木韵味，外加现代、实用、精美的设计思想，反映出现代都市人进入后现代社会的另一种思考方向（图2-95～图2-98）。

图2-95　北欧风格（一）

图2-96　北欧风格（二）

图2-97　北欧风格（三）

图2-98　北欧风格（四）

图2-99 色彩搭配（一）

图2-100 色彩搭配（二）

图2-101 色彩搭配（三）

图2-102 色彩搭配（四）

家装设计基础

第2章 选定风格流派

色彩质地搭配

橱柜参考原则

图纸绘制表现

成本核算方法

装修案例分析

北欧风格家居在色调上以浅色系为主，白色、米色、浅木色都较常用。为了有利于室内保温，北欧人在进行室内装修时大量使用了隔热性能好的木材。因此，在北欧的室内装饰风格中，木材占有很重要的地位。在北欧风格的家居中使用的木材基本上都是未经精细加工的原木。这种木材最大限度地保留了木材的原始色彩和质感，有很独特的装饰效果。虽然北欧风格不缺少天然元素，但是除了木材之外，北欧家居装饰风格还会用到石材、玻璃和铁艺等装饰材料，但无一例外地保留了这些材质的原始质感。尤其是金属材料能营造出洁净的清爽感，让家居空间得以彻底降温。客厅空间的布置重点在于家具的色彩与布艺相互搭配的效果，强调给人带来协调、对称的视觉感受，让每一个细节都呈现出令人舒适的气氛（图2-99 ~ 图2-102）。

北欧风格以简洁著称于世，家居室内的顶、墙、地六个面中完全不用纹样和图案装饰，只用线条、色块来区分点缀。这种风格反映在家具上，就产生了完全不使用雕花、纹饰的北欧板式家具，这种使用不同规格的人造板材再以五金件相连接的家具可以呈现出千变万化的款式和造型。这种家具只靠比例、色彩和质感来向业主传达美感（图2-103 ~图2-106）。

北欧风格的另一个特点就是黑白色的使用。黑白色在室内设计中属于万能色，可以在任何场合、同任何色彩相搭配。但是在北欧风格的家居中，黑白色常常作为主色调，或作为重要的点缀色来使用（图2-107～图2-108）。

图2-103　家具（一）

图2-104　家具（二）

图2-105　家具（三）

图2-106　家具（四）

图2-107　黑与白（一）

图2-108　黑与白（二）

★家装小助手★

北欧家装风格在大都市中是比较热门的一种家装风格，在整体的室内颜色上是以浅色为主，显得室内十分地明亮，而且还会使用一些原生态的元素在室内场景中，十分地环保。一些原生态的石材、木材自己可以直接在野外收集一些，然后自己加工一下就可以直接在室内使用，环保又便宜。这种家装风格建议使用。

2.8 新装饰艺术风格

我来帮你想妙招

　　新装饰艺术风格是将原始的复杂的一些装饰艺术手法进行简化后形成的一种装饰设计风格。这种风格既具有原始装饰风格的美感，也具有现代装饰艺术设计的简洁，比较适合现代人群。这种风格在制作的造价上也比原始风格要少很多，在做工上也要简洁很多。

　　新装饰艺术风格是指20世纪初的装饰艺术风格复兴运动，它是20世纪初的各类装饰艺术风格全面复兴的浓缩。由于表现形式整合了各国当地的本土特征而更加多元化，所以很难在世界范围内形成统一、流行的风格。但是它仍具有某些一致的特征，如注重表现材料的质感与光泽，造型设计中多采用几何形状或用折线进行装饰，色彩设计中强调运用鲜艳的纯色、对比色和金属色以造成华美绚丽的视觉印象（图2-109～图2-112）。

图2-109　新装饰艺术风格（一）

图2-110　新装饰艺术风格（二）

图2-111　新装饰艺术风格（三）

图2-112　新装饰艺术风格（四）

在现代家装设计中，新装饰艺术风格强调表现设计主题，使整个家居环境都统一在一个创意思想中，如绵长的流水、多变的花草、异域风情等，更多地方有令人憧憬和幻想的色彩，以及极为明显的唯美倾向；在装修中多采用钢铁、玻璃等新型材料，并运用一些豪华的装饰品来提升设计品位，如青铜器和名贵的纺织品，因为它们比较注重表现材料的质感和光泽。新装饰艺术风格十分重视墙面的装饰，可以通过绘画、拼贴以及材料的质感组合创造出各种主题。常用的墙面材料除了木饰面以外，还有各种抛光大理石、云石，或者将木材与石材、贝壳、金属组合在一起。另外，壁画与精美的壁纸也是常用的装饰材料。材料本身还可以通过二次加工产生别样的风情，例如，对表面进行图案刻画，并用抛光金属进行镶嵌和对比（图2-113～图2-116）。

图 2-113　新装饰艺术风格（五）

图 2-114　新装饰艺术风格（六）

图 2-115　新装饰艺术风格（七）

图 2-116　新装饰艺术风格（八）

★家装小助手★

新装饰艺术家装风格也是现代家装设计中比较主流的设计风格，这种装饰设计风格简洁、唯美，可以让室内环境舒适、宜人，所以大多数人会喜欢这种家装风格。在这种家装风格中可以融入很多的现代元素，所以它的造价并不高，比较适合大多数人使用。这种家装风格建议使用。

2.9 Loft 风格

我来帮你想妙招

　　Loft 风格是近现代比较流行的装修风格之一，字面上是"仓库""阁楼"的意思。Loft 居住方式最先起源于美国纽约，主要是指人们将废弃的仓库以及工厂厂房改造成自己想要的风格。Loft 是支持商住两用的楼型，所以其主要消费群体包括怀有个性上和功能上需求的客户。

　　Loft 指的是那些由旧工厂或旧仓库改造而成的、少有内墙隔断的高挑开敞空间，其内涵是高大而敞开的空间，具有流动性、开放性、透明性、艺术性等特征。Loft 风格的家装设计比较直观，就是将传统概念中的家居空间塑造成生产、办公空间，增加家居生活的灵活性，业主可以随心所欲地创造自己梦想中的家和梦想中的生活，丝毫不会被已有的环境或构件所制约，既可以让空间完全开放，又可以对其进行分隔，从而使它蕴涵个性化的审美情趣。Loft 风格的生活方式可以使业主即使在繁华的都市中也仍然能感受到身处郊野时的自由（图 2-117 ~图 2-120）。

图 2-117　Loft 风格（一）

图 2-118　Loft 风格（二）

图 2-119　Loft 风格（三）

图 2-120　Loft 风格（四）

Loft风格常用玻璃、砖石、水泥、金属、木材等装饰材料相互搭配，形成强烈的质感对比，如用不锈钢与人造皮革相搭配，或用玻璃与石材相搭配。它们高度吸引人的注意力，同时又产生一种干净利落的效果。Loft风格的空间可以非常开敞、高大，还可以十分狭小，重点是一定要自由、流动，具有灵活性和创新性，如设计出房中房的效果。在Loft风格家居空间中，隔墙可以设计成移动结构，增加移动推拉门，使各个房间或功能区域之间形成分隔的效果，从而在瞬间改变空间感（图2-121、图2-122）。

在Loft风格中，家具的选用没有特殊要求，多用具有创意性的家具和具有工业特性的家具，如用废旧铸铁暖气片制成的桌椅、断裂不锈钢管制成的搁物架等，使旧工业设施和用具成为新时代家居生活的必备物品，并给室内环境带来粗犷、原始的工业气息。体现工业感的家具一般具有超大的尺寸和储藏空间，方便再次改造利用（图2-123、图2-124）。

图2-121　Loft风格（五）

图2-122　Loft风格（六）

图2-123　Loft风格家具（一）

图2-124　Loft风格家具（二）

★家装小助手★

Loft家装风格是目前国际上比较流行的家装风格，大多数使用在工作空间中，家庭空间中也可以使用，不过前提是室内足够高，一般Loft空间用在面积小、高度比较高的小空间合适。这种空间中二层的空间都是钢架结构，造价较高，家庭装修中不建议使用。

第 **3** 章

色彩质地搭配

关键词：色调、搭配、层次

　　装修色彩与质地的搭配在很大程度上取决于装修消费者的个人喜好，但是搭配的种类繁多，往往令人不知所措。在选择色彩与质地之前，应当给自己一个明确的定位，看自己到底喜欢什么颜色和质地。一般来说，搭配也就是不超过 5 种颜色或质地的选择，太烦琐的色彩和质地只会让人感到眼花缭乱，没有主次感。色彩与质地的搭配最终反映的是空间层次，层次拉开了才能提升装修效果。

图 3-1　色彩与材质搭配

3.1　色彩原理

我来帮你想妙招

　　哪里有光，哪里就有颜色。有时我们会认为颜色是独立的——这是蓝色，那是红色。但事实上，颜色不可能单独存在，它总是与另外的颜色产生联系，就像音乐中的音符间的联系一样，没有某一种颜色一定是所谓的"好"或"坏"。只有当它与其他颜色搭配起来并被作为整体中的一个部分时，我们才能说它是"协调"或者"不协调"。

　　室内家装设计必须同时具有形体、质感和色彩三个要素。色彩会使人产生各种各样的情绪，以及使形体产生显眼的效果。在进行色彩设计时，必须考虑室内的空间效果，如果没有色彩的基本知识，是不能进行设计的（图3-2、图3-3）。

图 3-2　装修色彩设计（一）

图3-3 装修色彩设计（二）

3.1.1 色彩的本质

色彩是光反射到人的眼中而产生的视觉感。我们可以区分的色彩有数百万种之多，主要可以分为有彩色与无彩色两类。无彩色又称为"无色彩"，是指白、灰、黑等颜色。有彩色是指无彩色以外的一切色，如红、黄、蓝等有颜色的色彩。色彩的性质可以分为色相、明度、纯度三个方面，在此基础上形成色立体。

1. 色相

色相是指色彩的相貌（图3-4），如红色之所以区别于黄色、蓝色，是因为它的相貌是红色，红是红色所具备的基本属性，是这种颜色的色相。

2. 明度

明度是色彩的明亮度，具体指同一种色相中掺入的白与黑的多少——白色

越多（黑色越少），明度越高；白色越少（黑色越多），明度越低。白色的明度最高，黑色的明度最低。同一色相的颜色按照黑白等级排列显出不同的明度。例如，若梨子的外表比较鲜亮，那是因为梨子外皮的黄色明度高；相反则明度低，显得又灰又脏（图3-5）。

3. 纯度

纯度是色彩的鲜艳度。鲜艳的色彩纯度高，接近黑、白颜色的色彩纯度低。例如，晴朗天空的蓝色比湖水的蓝色要鲜艳，则可以称天空的蓝色纯度高，而湖水的蓝色纯度低（图3-6）。

4. 色立体

按色相、明度、纯度三属性可以把颜色配列成一个立体形状，这叫色立体。色立体的形按表色系有一点差别，色立体可以了解色的系统组织（图3-7）。

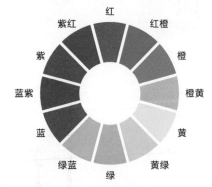

图3-4 色相

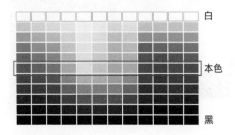

图3-5 明度

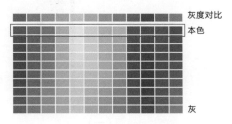

图3-6 纯度

图 3-7　色立体

3.1.2　色彩的对比

　　色彩的对比是人对色彩的知觉体验，是重要的色彩识别方法，按照色彩的使用方法，在进行色彩设计时，若能很好地利用则可获得较好效果。与其他颜色相邻时与单独见到该色时感觉不一样，这种现象叫色的对比。色的对比是指两个颜色在人的感觉上造成的反差。人同时看到它们时产生的对比叫同时对比；先看到一个色再看到另一个色时产生的对比叫继时对比。继时对比在短时间内会消失。通常我们讲的对比是指同时对比。

1.　色相对比

　　对比最为强烈的两个色相，如红和绿、黄和紫、蓝和橙，总是处在色相环中两个相反的方向。这样的两种颜色称为补色。两个颜色相邻时，看起来色相不变，这种现象被称为边界对比（图 3-8、图3-9）。

2.　明度对比

　　明度不同的两色相邻时，明度高的色看起来明亮，而明度低的色看起来更暗一些，像这样的现象叫明亮度对比（图3-10、图 3-11）。

图 3-8　色相对比空间（一）

图 3-9　色相对比空间（二）

图 3-10　明度对比空间（一）

图 3-11　明度对比空间（二）

3. 纯度对比

纯度不同的两个颜色相邻时会相互影响，纯度高的色更显得鲜艳，而纯度低的色看起来更暗浊一些，而被无彩色包围的有彩色看起来纯度比其真实的情况更高（图 3-12、图 3-13）。

色彩的面积是重要的对比影响因素。色的明度、纯度都相同，但因面积大小不同而效果不同，面积大的色比面积小的色的明度、纯度看起来都高。因此，用小的色标去定大面积墙面色彩时，有因明度和纯度过高而失败的例子。因此，大面积决定色彩时应多少降低其明度和纯度。

此外，关于色彩的对比，还存在色彩的视认性。色彩有时在远处可清楚地看见，而在近处却模糊不清，这是因为受背景的影响。清楚可辨的色叫视认度高的色，相反叫作视认度低的色。视认度在底色和图形色的三属性差别大时增高，特别是在明度差别大时更会增高，还会受到当时照明状况和图形大小的影响（图 3-14、图 3-15）。视角的前进和后退能影响色彩的对比效果。在相同距离看时，有的色比实际距离看起来近（前进色），而有的色则看起来比实际距离远（后退色）。从色相上看，暖色系列的色为前进色，冷色系列的色为后退色；从明度上看，明亮色为前进色，暗色为后退色；从纯度上看，纯度高的色为前进色，纯度低的色为后退色（图 3-16、图 3-17）。

图 3-12　纯度对比空间（一）

图 3-13　纯度对比空间（二）

图 3-14　红色的感知

图 3-15　照明充裕下的色彩

图 3-16　暖色的感知

图 3-17　冷色的感知

图 3-18　空间的膨胀感

图 3-19　空间的收缩感

色彩的膨胀和收缩能影响对比效果。同样面积的色彩，有的看起来大一些，有的则小一些，明度、纯度高的色看起来面积膨胀，而明度、纯度低的色则面积缩小。暖色为膨胀色，冷色为收缩色（图 3-18、图 3-19）。

3.1.3　色的感情效果

就像形体是具有各种表情的一样，色彩也具有各种表情，有引起人们各种感情的作用。因此我们有必要去巧妙地利用它的感情效果。

1. 暖色和冷色

看到色彩时，有的使人感到温暖（暖色），有的使人感到寒冷（冷色）。这是由

色相产生的感觉。有些暖色如，使人能联想到火的红色最为典型，以及橙色和过渡到黄色的色相色。有的冷色如，使人能联想到水的蓝色，青绿色和过渡到蓝紫的色相色。绿和紫是中性色，以它的明度和纯度的高低，而产生冷暖变化。无彩色中白色冷，黑色暖，灰色为中性（图 3-20、图 3-21）。

2. 兴奋色和沉着色

兴奋与沉着由刺激的强弱，给人以沉静感，因此称为沉着色。蓝、青绿、蓝紫色的刺激弱，给人以沉静感受，因此称为沉着色。但是往往纯度低时兴奋性和沉着性都会降低。绿和紫是介于二者之间的中性色，是人们久看时不感到

疲劳的色彩（图3-22、图3-23）。

3. 华丽色和朴素色

色彩的华丽和朴素是因为纯度和明度不同而产生感情，像纯色那样纯度高的色给人以华丽感，冷色具有朴素感。白、金、银色有华丽感，而黑色按使用情况有时产生华丽感，有时则产生朴素感（图

3-24、图3-25）。

4. 轻色和重色

轻、重的感情色彩是由色彩的明度不同而产生的。明亮色使人感觉轻快，而暗色使人感觉沉重。在明度相同的情况下，纯度高的色使人感觉轻，纯度低的色使人感觉重（图3-26、图3-27）。

图3-20 暖色

图3-21 冷色

图3-22 兴奋色

图3-23 沉着色

图3-24 华丽色

图3-25 朴素色

5. 阳色和阴色

暖色中的红、橙、黄为阳色，冷色中的青绿、蓝、蓝紫为阴色。明度高的色为阳色，明度低的色为阴色。明度和纯度均低使人感到阴气。白在与其他纯色一起使用时产生阳气，黑色使人感到阴气，而灰色是中性色（图3-28、图3-29）。

6. 柔软色和坚硬色

柔软和坚硬的感情色彩是由明度和纯度的不同而产生的。一般来讲，明度高、纯度低的颜色产生柔软感，而明度低、纯度高的颜色给人坚硬感。白和黑有坚硬感，灰色具有柔软感（图3-30、图3-31）。

图 3-26　轻色

图 3-27　重色

图 3-28　阳色

图 3-29　阴色

图 3-30　柔软色

图 3-31　坚硬色

7. 色彩的联想和象征

看到红色时，人们会联想到火或血；看到蓝色时，人们可能会联想到小河和天空。这是人根据自己的生活经验、记忆和知识产生的，又会因性别、年龄、民族的不同而不同。一般来讲，共性的联想是相当多的。另外，色彩的联想中社会化、变成习惯和制度的称为色彩的象征，但因民族、阶级的不同，又是具有差异的（图3-32、图3-33）。

8. 对色彩的喜好

对色彩的喜好因性别、年龄、阶层、职业、环境、地区、民族、阶级而不同，另外也因个人性格、趣味不同而不同，但存在着共通的倾向（图3-34、图3-35）。

9. 照明带来的色彩变化

物体的色彩由照射光的性质改变而产生变化。钨丝白炽灯泡照射时，人们看到的物体色彩是偏黄的，而传统荧光灯照射时是偏白的。现在的照明灯具种类很多，尤其是现在流行的LED灯，色温可以由生产厂家预先设定，各种灯光的颜色也可任选（图3-36、图3-37）。

★家装小助手★

对于家装的配色来说是需要我们对色彩做一些基本的了解，一些复古式的家装颜色的明度较低、纯度较低，而在现代的一些家装里面颜色的明度和纯度都较高，根据这一原理在选择家装的配色上面就非常的容易。

图3-32　红色联想

图3-33　蓝色联想

图3-34　地域民族色彩

图3-35　年龄色彩

图 3-36　白炽灯照明色彩

图 3-37　LED 灯照明色彩

家装设计基础　　选定风格流派

第3章 **色彩质地搭配**

储备装修技巧

色彩材料要领

寻找搭配方法

节水筛选方法

转修案例分析

3.2　选择色调

　　色彩范围这个内容是一个很重要的必选内容，不仅可以选择不同的色彩，还可以选择不同的色调。一般，家装的色调大致分为两种，一种是冷色调，另一种就是暖色调。大多数的人都会偏爱暖色调的装饰风格，因为家应该是温暖的感觉。

　　家居空间的色调由面积最大、人们注目最多的色彩区域决定。起决定作用的区域一般为墙面、地面、顶面，其次为窗帘、家具、灯光和陈设。要选择和谐、自然的基调，需根据不同人的性格、不同空间、不同地域分别设定。

3.2.1　参考个人的性格、习惯

　　人的性格、情趣、职业、身份、年龄、民族等多方面因素影响到人对色彩的感觉好恶。例如，性格开朗、外向的人喜欢暖色调、高明度、高纯度的色彩，性格含蓄、内向的人则喜欢冷色调、低明度、低纯度的色彩；性格急躁的人喜欢温暖、对比强烈、明快的色调，性格安静的人则喜欢清冷、柔和的色调；从事重体力劳动的人希望清新淡雅的居室环境氛围，而从事教育、科研的知识分子则喜欢素雅、深沉的冷色调等（图 3-38、图 3-39）。

3.2.2　参考功能空间

　　客厅一般宜采用高明度而色相柔和的中性色彩，以满足家庭各成员的喜好，使日常起居活动显得更加亲切舒畅。如果餐厅与客厅相结合，色彩可以是高明度、高纯度的暖色调，有助于促进食欲，并给人温馨感。书房应显得优雅清淡，可以选用蓝、绿等明快的冷色调，具有传统装饰风格的也可采用棕褐色。卧室是睡眠的场所，应该选用中性的暖色或淡雅的蓝紫色，使人感到放松舒适，尤其是后期软装饰配件可以随时更换，这对色彩的变化调整起到决定性作用（图3-40、图3-41）。

3.2.3　参考住宅的特征

住宅所处的地理位置、朝向、面积、形态等都是影响色调选择的因素。例如，东西朝向的房间可以采用清新淡雅的冷色调以缓解清晨和黄昏时强烈的日晒；面积较大的房间可以采用高纯度的暖色调以拉近人与墙壁间的距离（图3-42、图3-43）。

图 3-38　开朗的色彩

图 3-39　沉稳的色彩

图 3-40　书房色彩

图 3-41　卧室色彩

图 3-42　东西朝向用冷色

图 3-43　面积较大用暖色

3.2.4　单个颜色的空间分类

1. 蓝色

蓝色是令人产生遐想的色彩。传统的蓝色常常成为现代软装配饰设计中热带风情的体现。蓝色具有调节神经、镇静安神的作用。蓝色清新淡雅，与各种水果相配也很养眼。但不宜用在餐厅或是厨房，蓝色的餐桌或餐垫上的食物总是不如把它们放在暖色环境中看着有食欲；同时不要在餐厅内装白炽灯或蓝色的情调灯。科学实验证明，蓝色灯光会让食物看起来不诱人，但作为卫浴间的软装饰却能强化神秘感与隐私感（图3-44）。

2. 咖啡色

咖啡色属于中性暖色色调，它朴素、庄重而不失雅致。它脱离了黄金色调的俗气，也摈弃了象牙白的单调和平庸。咖啡色本身是一种比较含蓄的颜色，但它会使餐厅令人感到沉闷而忧郁，影响进餐质量（图3-45）。它还不宜用在儿童房间内，因为暗沉的颜色会使孩子性格忧郁。还要切记，咖啡色不适宜搭配黑色。为了避免沉闷，可以用白色、灰色或米色等作为填补色，使咖啡色发挥出属于它的光彩。

3. 橙色

橘红色又或是橙色，是生气勃勃、充满活力的颜色，是收获的季节里特有的色彩。把它用在卧室的软装设计中则不容易使人安静下来，不利于睡眠；但将橙色用在客厅里则会营造欢快的气氛（图3-46）。同时，橙色有诱发食欲的作用，所以也是装点餐厅的理想色彩。将橙色和巧克力色或米黄色搭配在一起也很令人舒畅。巧妙的色彩组合是追求时尚的年轻人的大胆尝试。

图3-44　蓝色厨房

图3-45　咖啡色吧台

图3-46　橙色客厅

4. 黄色

黄色可爱而成熟，文雅而自然，这个色系正在趋向流行。水果黄带着温柔的特性；牛油黄散发着原动力；金黄色带来温暖。黄色还对健康者具有稳定情绪、增进食欲的作用。但是长时间接触高纯度的黄色会让人有一种慵懒的感觉，所以建议在客厅与餐厅软装设计中适量点缀一些就好。黄色最不适宜用在书房，因它会减慢思考的速度。

5. 紫色

紫色给人的感觉似乎是沉静的、脆弱纤细的，总给人无限浪漫的联想。追求时尚的人最推崇紫色。但大面积的紫色会使空间整体色调变深，从而产生压抑感。建议不要放在需要欢快气氛的居室内或孩子的房间中，那样会使得身在其中的人有一种无奈的感觉。如果真的很喜欢，可以在居室的局部作为装饰亮点，比如卧房的一角、卫浴间的帷帘等小地方（图3-47）。

6. 粉红色

粉红色的大量使用容易使人心情烦躁。有的新婚夫妇为了调节新居气氛，喜欢用粉红色制造浪漫。但是，浓重的粉红色会让人精神一直处于亢奋状态，过一段时间后，居住在其中的人心中会产生莫名其妙的心火，容易拌嘴，引起烦躁情绪。建议粉红色作为居室内软装配饰的点缀出现，或将颜色的浓度稀释，淡淡的粉红色墙壁或壁纸能让房间转为温馨（图3-48）。

7. 红色

中国人认为红色是吉祥色，从古至今，新婚的喜房就都是满眼红彤彤的。红色还具有热情、奔放的含义，充满燃烧的力量。但居室内的红色软装饰过多会让眼睛负担过重，使人产生头晕目眩的感觉，即使是新婚，也不能长时间让房间处于红色的主调下。建议选择红色在软装饰上使用，比如窗帘、床品、靠包等，而让这些红色去搭配淡淡的米色或清新的白色，这样可以使人神清气爽，更能突出红色的喜庆气氛（图3-49）。

图3-47　卧室中紫色一角

图3-48　粉红色卧室

图 3-49　红色卧室

8. 金色

金色熠熠生辉，显现了大胆和张扬的个性，在简洁的白色的映衬下，视觉上会显得很干净。但金色是最容易反射光线的颜色之一，金光闪闪的环境对人的视力伤害最大，容易使人精神高度紧张，不易放松。建议避免大面积使用单一的金色装饰房间，可以将其作为壁纸、

软帘上的装饰色；在卫生间的墙面上，可以使用金色的马赛克搭配清冷的白色或不锈钢。为了让居室的环境更有亲和力，不妨在角落里摆放些绿色的小盆栽，使房间里充满情趣（图 3-50）。

9. 黑色

黑色在五行中属水，是相当沉寂的色彩，所以一般没有人会用黑色软装饰装饰卧室墙面。很多人将其用在卫生间，但这样做也要讲究搭配比例。建议在大面积的黑色当中点缀适当的金色，这样做会显得既沉稳又有奢华之感；而与白色搭配更是永恒的经典；与红色搭配时，气氛浓烈火热，一般应该在饰品上使用纯度较高的红色点缀，会显得神秘而高贵（图 3-51）。

图 3-50　金色餐厅

图 3-51　黑色客厅

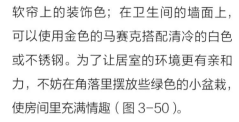

★家装小助手★

　　色调的选择对于家装整体颜色的选择是十分重要的。首先选中一种色调，选定之后所有的配饰跟家具都可以很好地搭配与选择，所以对于家装来说，色调的选择应放在首要的位置。

3.3 家居界面色彩

我来帮你想妙招

　　家居的整体颜色搭配十分重要，它决定着家居整体的色调、美观和风格。如果不能很好地把握这方面的话，可先从家具开始选择。选择家具的时候，尽量让家居统一在一个色调和风格上，这样就可以根据家具的色调和风格定墙面和地面的颜色。

　　家居空间配色一般不超过 3 种，但是白色、黑色除外。金色、银色可以与任何颜色相陪衬。金色不包括黄色，银色不包括灰白色。在没有设计师指导的情况下，家居最佳配色原则是：墙浅、地中、家具深。不要将不同材质但色系相同的材料放在一起，顶面的颜色必须浅于墙面或与墙面同色。当墙面的颜色为深色时，顶面必须采用浅色。顶面的色系只能是白色或与墙面同色系。空间若是非封闭而贯穿的，必须使用同一配色方案；对于不同的封闭空间，可以使用不同的配色方案。色调确定后即可在统一的指导规范下对室内各空间进行分类配色。

图 3-52　墙面色

3.3.1　墙面色

　　墙面色对室内气氛起到主要支配作用。过暗的墙面会让人感觉到拥挤，过亮的墙面会让人感觉到孤立，宜选用明快的低纯度、高明度中性色，而不是直接选配白色或纯色（图 3-52）。

　　墙面颜色一般通过乳胶漆、壁纸、硅藻泥、饰面板材、玻璃、瓷砖等材料来表现。其中乳胶漆、壁纸、硅藻泥等柔性材料可以随意选择或调配颜色，色彩以浅色和中性色为主，因为这类材料的覆盖面积大，要达到客观且大众的审美要求，必须中庸。如果要表现出个性，可以在房间内的某一面墙上采用饰面板材、玻璃、瓷砖，甚至颜色浓烈、深重的乳胶漆、壁纸，这样就可以起到画龙点睛的效果了。

图3-53　地面色

图3-54　顶面色

3.3.2　地面色

地面色应区别于墙面色，可采用同种色相，但明度需较低。在日常生活中所能购得的木地板、地砖色调均比墙面沉稳（图3-53）。

地面色要有耐磨、耐脏的特点，以颜色较深的木纹地板、地砖、地毯为主。至于颜色深到什么程度，要根据整个房间的效果来定。很多现代风格与北欧风格的家居空间中，地面可以选用浅米黄色地板或地砖。欧式风格的可选用中黄、土黄、褐色地板或地砖，卧室也可以采用深色地毯。至于中式古典风格，一般都采用深色地板。很多设计师与装修业主认为常规的装修风格不能体现出自己的个性，在地面颜色上绞尽脑汁，突发奇想，只会造成一时的新鲜，从长远来看，很快会让人产生疲劳感。

3.3.3　顶面色

顶面色可直接选用白色或接近白色的中性色。如果墙面色彩鲜艳丰富，则应该使用纯白色。墙面与顶面不宜完全没有区分（图3-54）。

顶面多采用乳胶漆涂刷，以白色为主。如果墙面使用彩色乳胶漆、壁纸或硅藻泥，那么应当在墙面与顶面的转交部位增加石膏线条，石膏线条与顶面同为白色。墙面与顶面如果同为白色，那么石膏线条就没有太大意义了。这也是现代石膏线条的运用原则。如果墙面的乳胶漆颜色调配得很浅，只是在白色的基础上略有变化，可以考虑将墙面与顶面融为一体，这样既整体统一，又节省乳胶漆，因为在施工时，无须将乳胶漆分装调色了。此外，如果对家居空间有个性化要求，还可以在顶面作浅色彩绘，这样做显得颜色更加丰富，适合面积较大、内空较高的别墅或复式住宅。

3.3.4　家具及配件色

家具及配件色彩的明度、纯度一般应与墙面形成对比，但不宜过强。如墙面选用彩色乳胶漆，则家具配件可选用白色混油或硝基漆；如墙面使用大面积高亮白色，则家具配件可选用木质纹理饰面板，显得成熟稳重。家具及配件的色彩也可通过采用不同的材料来表达，可采用玻璃、金属等材料来协调墙面与家具饰面板之间的对比关系，取得令人赏心悦目的效果（图3-55、图3-56）。

在现代家居装修中，有色油漆、木纹是家具颜色的主要表现载体，配置玻璃、金属作为点缀，形成丰富且具有一定对比的装饰效果，其中有色油漆或木纹占据整个家具70%的表面面积，剩余30%是玻璃、金属。部分家具为了凸显自己的风格，会有彩绘图案，如美式田园风格家具、我国西藏民族家具，或是清新、或是浓烈的彩绘图案都能影响家具的整体颜色。

图3-55　白色家具

图3-56　木纹家具

★家装小助手★

在确定了墙面、地面与顶面的颜色之后，就要开始考虑家具的颜色，而家具之间的配色可以依据色调和风格去选择：根据色调来确定家具的颜色，根据风格来确定家具的样式，沿这样的思路下来就可以很好地协调家具与天地墙之间的关系，家具的整体界面颜色也十分地统一。

3.4 色彩搭配方法

我来帮你想妙招 ▶

生活中总是充满各种各样的色彩。在家居装修中，色彩的搭配是十分重要的。一个好的家居色彩搭配能让你时刻充满积极愉悦的心情。家居装修色彩搭配的准则就是产生不太强烈的对比，需要有一定的变化，有一定的矛盾，但是这些都是局部的，从整体上来看，还是和谐统一的。

图 3-57 个性化色彩（一）

图 3-58 个性化色彩（二）

3.4.1 个性化的色彩搭配

在色彩的使用上应尊重家庭成员的性格、爱好，选择一种色调是营造个性化色彩氛围的关键。色彩用于室内装饰的主要目的是创造一种气氛，体现一种风格，形成一种感觉。家居装修的风格无论是古典还是现代，庄重还是活泼，华丽还是朴素，温馨还是高雅，各种不同的风格均体现其个性化特色。要有一个统一、和谐的基调，购买家具、选择饰品时，也不能破坏整体色调。有时为了达到特殊的空间效果，打破六面体的空间束缚，不依顶面、墙面、地面的界面的区分与限定，而是自由、任意地突出某种抽象的色彩构图，从而模糊原有的空间构图，也能达到个性化的效果。近年来，家居色彩组合呈多元化的变化，尤其在表达回归自然的感觉中，各种花卉面料的纺织品与木刻、石雕、藤制品、皮毛、不锈钢金属、玻璃制品等一起成为装饰品，其纹样、色彩，尤其是粗与细、实与虚的质地变化，能产生更多的个性化效果（图 3-57、图 3-58）。

3.4.2 自然和谐的色彩层次

如果室内没有家具，则顶面、墙面、地面的色彩便是室内的环境色彩。如果房间内塞满了家具，光线进不来，则谈不上什么色彩。在有限的家居空间中应尽量减少家具的布置，使采光与通风达到最佳程度。一般白天以自然采光最为适宜，可选用明亮的玻璃窗和各式控制阳光照射强度的窗帘，以适应人对不同光线环境的需要。在自然采光条件下，家居环境中的一切物件，离光源近的较亮，离光源远的较暗；向光面亮，背光面暗。由此产生的阴影便是自然的色彩层次，这本身就极大地丰富了家居环境。有时通过反射或窗外借景还能使室内整体的效果与气氛受到影响。保护生态环境，强调人与自然和谐一致，已经成为现代人对环境色彩的要求（图 3-59、图 3-60）。

图 3-59　自然和谐的色彩（一）

图 3-60　自然和谐的色彩（二）

3.4.3　黑、白、灰衬托

黑、白、灰色被称为无彩色，与红、黄这些色彩不同，它们没有被排列在色彩种类中，然而黑、白、灰与其他色彩的搭配效果却是不容忽视的，尤其在家居装饰中，能很好地衬托、稳定各种色彩，起到明度强化的作用，其自身的对比组合，也常被广泛采用。现在很多家电，如电视机、音响等，常采用无彩色，所以对于如何很好地利用它们，使之与其他色互相协调，应加以重视。一些对比强烈的纯色构件进入以黑与白为主调的框架中，更能很好体现其效果（图 3-61、图 3-62）。

3.4.4　重复与呼应色彩

色彩的创意表现在既简洁又丰富上，关键在于运用色彩的重复与呼应，要处理好色彩的节奏。将表达设计概念的颜色用在几个关键性的部位，从而使整个空间都被这些色彩所控制。如将办公家具、窗帘、地毯设计成同一色，只是明度或纯度上有差异，而使其他色处于从属的地位，整个办公空间就会形成一个多样统一、色彩又相互联系的空间。色彩的重复与呼应能使人在视觉上获得联系与运动的感觉。将色彩进行有节奏的排列与布置时，同样能产生色彩韵律的感觉。这种节奏不一定安排在大面积上，也可以运用在相关或较接近的物体上，色彩的面积和数量也可以灵活多变（图 3-63、图 3-64）。

图 3-61　黑白灰色彩（一）

图 3-62　黑白灰色彩（二）

图 3-63 重复与呼应色彩（一）

图 3-64 重复与呼应色彩（二）

3.4.5 与其他因素的协调

设计家居色彩除要考虑上述因素外，还要考虑与其他关系的协调，如家居空间的构造、整体风格等。当空间宽敞、光线明亮时，色彩的变化余地较大；当室内空间窄小时，色彩的变化就很小，那么首要任务就是通过色彩来增大空间感（图3-65、图3-66）。

选用装修材料时，也要了解材料的色彩特性，有的材料随着时间的变化会褪色或变色。同时色彩与照明的关系也很密切，因为光源与照明方式都会给色彩带来大的变化。大面积的照明光棚，就像阳光下的花架，采光自然均匀，对家居环境的色彩影响不大。此外，装修风格也要与色彩相协调，特有的设计风格应该配置相关色彩，变更色彩会影响风格的表现。

图 3-65 宽敞空间色彩

图 3-66 狭窄空间色彩

★家装小助手★

在进行家装色彩搭配时要注意颜色的统一与协调性，不能只注重局部的颜色搭配而忽略了整体的颜色，必须在考虑到整体颜色的情况下进行局部颜色的选择，这样就不会在局部的颜色上跑偏，造成配色不协调的情况。

3.5 配饰色彩点缀

装修色彩搭配中的点缀色使空间生动。点缀色是指室内小型物体的富于变化的颜色，如花卉、灯具、织物、植物、艺术品和其他软装饰的颜色。色彩搭配的主要方法有相近的组合、对比色或互补色的组合、单一或多种色彩的明度或纯度的渐变组合等。一般来说，浅色调柔和浪漫，令人感觉整洁、时尚、休闲，灰色调高贵庄重，深色调则给人传统、经典的感觉。家庭的整体装修中对色彩的选择要遵循"整体协调，局部对比"的原则。

点缀色通常用来打破单调的整体效果，所以如果选择与背景色过于接近的色彩，就不会产生理想的效果。为了营造出生动的空间氛围，点缀色应选择较鲜艳的颜色。在少数情况下，为了特别营造低调柔和的整体氛围，点缀色还可以选用与背景色接近的色彩。在不同的空间位置上，对于点缀色而言，主角色、配角色、背景色都可能是它的背景。室内色彩搭配点缀色过于暗淡，和整体色彩缺乏对比，配色效果会显得单调、乏味。

配饰品在家居装修中是不可缺少的物件，一般包括摆放陈列品、挂件、布艺、绿化植物等4类，它们色彩丰富，品种繁多，应格外关注对它们色彩倾向的把握。

3.5.1 摆放陈列品

摆放陈列品一般放置在搁板上或装饰柜中，由于它们周边已经存在家具、构造围合，因此在色彩选择上可以很随意。体积较大的物件一般以浅色为主，如大型青花瓷瓶、酒具餐具等。小件陈列品的色彩就不限了：如果在大气的古典装修风格中，可以选用金色、银色饰品；如果在现代简约风格中，可以选用白色或粉色系列的玩具饰品（图3-67）。

陈列品的色彩还要根据周边环境来考虑：周边环境比较昏暗时，应当选用浅色陈列品；周边环境很明亮时，应当选用玻璃、金属陈列品；如果有灯光照射，那么可以选用深色陈列品。有些陈列品本身没有太明显的颜色，也只能通过灯光来衬托了，如玻璃花瓶、鱼缸等。

3.5.2 挂件

挂件主要包括墙面装饰画、相框、壁毯、民俗挂件、玩具等。在白色墙面上挂任何颜色的挂件都比较适宜，但是在彩色乳胶漆或壁纸墙面上，就应当选用白色、金属色、深色的挂件了。挂件的颜色或主体框架应当与墙面有所区分，不能雷同，毕竟挂件的面积不大，也不是所有墙面都会被挂上挂件的（图3-68）。

3.5.3 布艺

布艺主要是指窗帘。家居装修空间中窗帘的颜色一般为中性米色、黄色、橙色、紫色，纯度不高，但是明度较大，同时具备遮光功能。窗帘通常会占据整面墙，因此不宜选用过于亮白或深暗的颜色。如果希望有一定的层次，可以配置同一色系，但是要选用颜色不同的眉帘和裙帘。若眉帘和裙帘的面积不大，可以选用较深的颜色，但是与土体窗帘还应是一个整体，而不可显得孤立。在欧式古典风格中，还可以适当点缀金色或银色（图3-69），但是面积过大会在灯光照射下显得刺眼。

除了窗帘，还有沙发坐垫、桌布、台布、抱枕等各种布艺饰品，这些可以根据主体装修风格来确定，色彩以柔和、明快为主，一般很少用特别深的颜色，因为过深的布艺产品在盥洗后会有不同程度的褪色，再次使用时会有陈旧感。

3.5.4 绿化植物

绿化植物不一定全是绿色，除了观叶植物以外，还有观花、观果、观根植物，只不过观叶植物对阳光的需求不高，比较好养，因此现在大多数家居环境里都会采用观叶植物。观叶植物一般适合放在简约风格的空间中，白墙背景为佳。如果是彩色乳胶漆或壁纸为背景，那么应当选用白色或彩色花盆来种养观叶植物（图3-70）。

图 3-67　陈列品

图 3-68　挂件

图 3-69　布艺

图 3-70　绿化

观花和观果植物的观赏周期较短，而且对光照有要求，可以放在阳光充裕的窗台或阳台上，体积可以小一些，以免过了花期和果期就不再具有审美感了。观根植物适合中式古典风格的家居空间，打理起来最简单，只是欣赏人群很少。

由于绿化植物是有生命的，没有调养是很容易枯萎的，现代家居设计为了营造氛围，也可以选用仿真植物，彩色鲜艳，经久不衰，品种繁多，适用于各种装修风格。

★家装小助手★

很多人在做家装的时候忽略了家装中的配饰部分，造成最后呈现的风格与效果并不明显。其实配饰在家装中的点睛作用还是十分明显的，是整个空间的灵活性与活泼性的体现。在一些不完美的地方可以用配饰去装饰，可以让空间变得好看、变得完美。在做工上不完美的地方，也可以用配饰去弥补。所以家装配饰对于家居空间的作用是不可缺少的。

第 **4** 章

借鉴参考原则

关键词：结构、空间、尺度

　　对于家装来说，参考借鉴是一个非常好的设计方法，参考一些好的设计方案能让设计更加优质。但参考借鉴不是盲目的抄袭，而是需要遵循一些原则，提取别人设计中的精华，让自己的设计更加完美，这才是正确的借鉴参考原则。在参考过程中要不断地提升自己对装修的要求，稳定自己所需要达到的效果，不能被现成的参考案例影响。主要应把握好风格统一、功能完备、造价适宜的三大原则（图4-1）。

图 4-1 借鉴参考
空间

4.1 空间结构

每套住宅的面积都是固定的，在有限的空间内家庭成员要进行学习、娱乐、睡眠、进餐、卫浴等活动，故每人对空间的要求各不相同，需要对整体进行规划与设计，合理地确定各部分的作用，避免相互影响和干扰。因而，必须要参考一些其他好的空间结构布局，再进行空间的功能划分，才能达到科学利用空间的目的（图 4-2、图 4-3）。

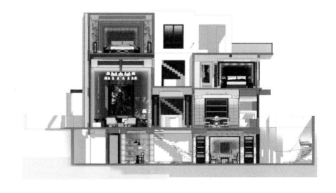

图 4-2　空间分隔（一）

图 4-3 空间分隔（二）

现代家居装修主要可划分为 6 个功能区域，分别是休息睡眠区、休闲娱乐区、餐饮区、工作学习区、会客接待区、洗盥卫浴区。

功能区域要想做到合理布置，就要根据建筑的空间分布情况，使布置的区域符合人们的日常生活规律，以满足家庭成员各种活动的需要，并充分利用空间，保证环境质量。功能区域装修还应达到展示性和隐秘性的要求。各功能区域的借鉴参考原则如下。

1. 休息睡眠区域借鉴参考原则

休息睡眠区域的基本家具应有：床、床头柜、衣柜、梳妆台及沙发等，要求具有良好的封闭性和隐秘性。门、窗要求具有良好的隔音性；通向户外的窗户应该有严密的窗帘以隔绝光的照射；顶、壁部的灯光不宜直照室内，采用反射光

照明较好。现代卧室也可以不设顶灯，只设床头台灯或边角落地灯，避免强光刺眼（图 4-4）。

2. 工作学习区域借鉴参考原则

工作学习区域的基本家具应有：写字台、电脑桌、书柜、书架、沙发、椅子等。此区域要求照明布置比较好。写字台应安放在采光较好的位置。如果房间采光不足，必须加照明灯做补充光源，一般采用台灯形式，台灯的位置一般在书桌左侧，避免书写时在桌面上产生阴影（图 4-5）。

3. 休闲娱乐区域借鉴参考原则

休闲娱乐区域基本家具应有：电视（音响）柜、沙发、椅子、茶几等。对于供休闲娱乐的空间，由于每个家庭的兴趣、爱好不同，娱乐项目也就不同。因住房面积的限制，一般家庭将休闲娱乐区域同会客接待区合并，并安排它作为公共活动空间；带有功能性较强的设备的娱乐区通常同卧室合并。应注意电视与影音娱乐设备要远离床头，尤其是设备所在的墙面相邻房间的床头位置，避免产生电磁辐射，乃至影响睡眠质量（图 4-6）。

图 4-4　休息睡眠区

图 4-5　工作学习区

4. 餐饮区域借鉴参考原则

餐饮区域是功能性区域，包括厨房和餐厅，一般应配置厨房厨具及餐桌椅，有的还需设置酒柜、吧台等。厨房是家庭主妇日常生活中使用最多的空间，餐厅又是家人团聚的场所，因而，该区的装修设计最能代表家庭生活的舒适与温馨程度，应是装修设计的重点。厨房橱柜一般贴墙布置，以烟道位置为基准，在旁边设置燃气灶具，其次是洗菜水槽、冰箱的位置，这三者之间保持三角关系为佳，方便操作使用（图4-7）。

5. 会客接待区域借鉴参考原则

会客接待区域为亲朋好友欢聚的场所，需要设置沙发、茶几、陈列柜等家具，一般与休闲娱乐区合并为一体。这个空间是家庭装修中展示性最强的空间，也

是结构装修的重点投资部位。电视背景墙是必不可少的构造，它能缓解看电视时人产生的视觉疲劳，凝聚会客接待区的视觉中心，营造出一定的向心力，提升该区域的档次（图4-8）。

6. 卫浴盥洗区域借鉴参考原则

卫浴盥洗区域应设置坐便器、洗面台、浴缸或浴房等设施，有的还设置净耳器、空气净化器等现代化设备。此区域还是隐秘性最强的区域，也是家庭中用水最多的空间，在结构上要求有较强的封闭性，在设计上要考虑耐潮湿性。整体布局从外向内依次分布洗面台、蹲便器或坐便器、淋浴房或浴缸，干区在外侧，湿区在内侧。没有窗户的卫生间应当安装排风设施联通至烟道或外墙（图4-9）。

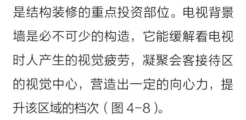

图4-6 休闲娱乐区

图4-7 餐饮区

图4-8 会客接待区

图4-9 卫浴盥洗区

7. 阳台区域借鉴参考原则

目前，我国城市居民的居住条件还不很宽裕，因而阳台的利用显得非常重要。从位置上看，可分为两类：一类为向阳面的，另一类为背阳面的，在规划利用方面有较大区别。从安全、卫生的角度出发，阳台在装饰时应该封闭，形成一个独立空间（图4-10）。

向阳面阳台封闭后可有几种设计：第一种设计成单独的学习空间，第二种设计成同居室相连的空间，第三种设计成休闲娱乐的空间，第四种设计为健身康体的空间。背阳面阳台封闭后可有几种设计：第一种设计成为单独的炒菜间，第二种设计成为单独的储藏室，第三种设计成为单独的洗衣房。由于背阳面阳台的日照不充足，温度较低，故不宜将门连窗拆除。另外，阳台的装饰面也需要设计。阳台封闭后，应根据功能的需要装饰墙、地、顶。若同室内相连，没有门连窗，应在顶、地做保温层；阳台面墙应设计成低

柜，以保证室内温度及使用功能。

8. 不规则空间借鉴参考原则

所谓不规则空间是泛指非一般的四边形的空间，如三角形、圆形、多边形等形状不规则的房间。这部分空间在使用上不方便，视觉感受差，是家庭装修中的重点和难点，在设计上必须下功夫，才能合理利用空间，提高装修效果（图4-11）。

对三角形空间可以采用填充方法加以利用，如可将三角形空间设计成陈列柜、衣柜等与其相吻合的家具，使外部同室内墙面成一平面，以改变空间的视觉效果。对圆弧形空间可填充家具并将弧度较大的曲面直接作为会客接待区使用。对多边形空间进行装修设计的基本思路是将其改造成四边形，一般有两种方法：一种为扩大后改造，即把多边形相邻的空间合并到多边形中进行整体设计；另一种为缩小方式，把大多边形割成几个区域，使每个区域达到规则形状。

图4-10　阳台区

图4-11　不规则空间

在空间的处理上首先是要将空间合理分区，以自己习惯的生活方式去规划空间，这样可以充分利用空间。分区完成之后再对每个独立的空间进行分析处理，要将每一个空间都想象成自己熟悉的空间去处理，用家具将空间分割成规整的几何形体再去处理空间，这样难度就会大大降低。

4.2 整体风格

我来帮你想妙招

　　整体风格是一个家装的核心，是需要在前期设计的时候就定下来的。有了风格才能进行一些细节和造型上的设计。可选用的风格很多，可以根据自己的喜好进行参考借鉴，也可以在对多种风格研究得比较透彻的情况下进行混搭风格的设计。

人的生活习惯以及审美观点各不相同，装修也会因个人的偏好不同而有所差异。目前家装的主要风格可分为4种类型。

4.2.1　自然风格借鉴参考原则

自然风格一般以乡村风格为主。这种风格的住宅在色彩上多采用木色以及绿色为主色调，配以体现自然色的淡蓝色。顶面为简约的白色乳胶漆或木质纹理造型，仿制出乡村木结构房屋的特征。墙面铺贴大碎花壁纸，白色或浅色底纹，具有写实效果的花卉图案。家具一般为白色或木纹原色，家具门板与腿脚为欧式古典形式。地面铺装大花纹地板或深色仿古砖。这些来自于西方乡村的建筑元素非常丰富。

自然风格还可以借鉴其他元素，大自然中的各种形态都可以加以利用，如树叶、花卉、昆虫、波浪等，但是要经过筛选和变形，不能直接将自然形态复制下来，一笔一画地刻画不是设计，而是最初级的装饰，很难达到审美需求的标准（图4-12、图4-13）。

4.2.2　简约风格借鉴参考原则

简约风格，也就是现代北欧风格。此种风格的房屋在色彩方面多使用银灰，白色为主色调，配以较鲜艳的配饰进行搭配。简约风格能使空间显大，所以特别适合小户型住宅。

简约风格往往会被人们当作是"无

设计风格",只要造型简单、经济实惠,就算是简约风格。这种错误观点导致最后的家居装修形成"四不像"的空间。借鉴简约风格关键要抓住简约造型的特征,一个转角、一个圆弧、一种特殊的材质,看似简单,然而却统一在整个家居空间中:客厅吊顶上有,背景墙上有,书房书柜上也有。这种呼应就能回避凌乱的装饰造型。简约风格无须刻意去设计,但是一定要在各个环节上有所反应(图4-14、图4-15)。

4.2.3　复古风格借鉴参考原则

　　复古风格也就是古典风格。喜欢这种风格的人不一定是中老年朋友,越来越多的年轻人也更偏向于古典风格。这种风格在颜色搭配上多选用华丽的金色以及可从大理石上看到的云斑色等。

　　对复古风格的借鉴不能停留在某个局部的造型上。一处卷纹固然好看,但是将它孤立地放到开阔的空间中会显得不伦不类。借鉴复古风格,装修起来费用较高,各种装饰线条、复古家具、窗帘布艺等的价格都比简约风格要贵不少。如果投资力度有限,可以将复古风格集中在客厅和餐厅;房间的面积较小,注入过多的装饰细节会显得过于饱满,因此也可以不考虑强调这种风格(图4-16、图4-17)。

图4-12　自然风格(一)

图4-13　自然风格(二)

图4-14　简约风格(一)

图4-15　简约风格(二)

图 4-16　复古风格（一）

图 4-17　复古风格（二）

图 4-18　混搭风格（一）

图 4-19　混搭风格（二）

4.2.4　混搭风格借鉴参考原则

混搭风格是现在较流行的现代风格与古典风格的结合。这种风格的装修效果既能扩大空间，又可增添古典风韵。

借鉴混搭风格要把握好主次关系。主要风格需要明确下来，各种配饰、家具可以比较随意。一般以相接近的风格为主，如以田园风格为主，搭配部分欧式古典风格；或以现代简约风格为主，搭配部分中式古典或日式风格；或以东南亚风格为主，搭配部分地中海风格。这样不会显得太杂，混搭风格要体现的是装修消费者的自信和个人爱好，而不是想不到更好的装饰手法了，就胡乱拼凑（图 4-18、图 4-19）。

★家装小助手★

不管要做什么风格，借鉴参考是一种很好的方式，只有看得多才能做出好的设计。从风格上进行借鉴，其实很简单，可以在自己的创意的基础上局部参考，或者实在参考不好的话，就直接把别人的设计和配色搬到自己的设计上。

4.3 颜色搭配

　　色彩选择搭配应以符合主人的心理感受为原则。通常有以下几种色调的搭配方法。

4.3.1 轻快玲珑的色调

　　轻快玲珑的色调中心色为黄色、橙色，地毯橙色，窗帘、床罩用黄白印花布，沙发、天花板用灰色调，加一些绿色植物衬托，气氛别致。这类色调的普及性较广，适合绝大多数装修消费者的审美，能舒缓日常工作压力，大家都喜欢。

　　墙面乳胶漆、壁纸的主体色调一般都是以黄色、橙色为主，但是比较浅，如米黄色、浅橙色等，这类颜色会让人感到温馨典雅，适合面积不大的卧室、书房，能开阔人的视野，墙面也好挂置各种装饰画与饰品，但是需要注意这类颜色的墙面一般搭配白色房间门和白色门窗套。窗帘、床罩等软装布艺饰品一般选用稍有变化的花纹面料，只要与墙面颜色区分开来就可以了，或是深重一些，或是明快一些都可以。至于饰品与绿化就可以随意点缀了，绿化以观叶植物为主（图4-20）。

4.3.2 轻柔浪漫的色调

　　轻柔浪漫的色调中心色为柔和的粉红色，地毯、灯罩、窗帘用红加白色调，家具白色，房间局部点缀淡蓝，有浪漫气氛。

　　这里说的粉红色是指淡淡的粉红色乳胶漆，也可以采用具有小型红色图案的白底壁纸，墙面颜色不应当深重，应当是很浅淡的感觉。装饰陈设品的色调可以是比较鲜艳的红色，但是要和白色、黑色等其他对比较大的颜色搭配，使粉红色的中心凝聚在装饰陈设品上。白色家具与粉红色产生强烈对比，让人产生遐想。在局部配置蓝色、绿色、褐色陈设饰品，能提升空间的稳重感。轻柔浪漫的色调是当前的装修流行趋势，除了粉红色，还可以将粉紫色、粉黄色、粉绿色当作主题，这些颜色均能表现出轻柔浪漫的感觉（图4-21）。

图4-20 轻快玲珑的色调

图4-21 轻柔浪漫的色调

图4-22 典雅靓丽的色调

图4-23 典雅优美的色调

4.3.3 典雅靓丽的色调

典雅靓丽的色调中心色为粉红色，沙发、灯罩为粉红色，窗帘、布垫用粉红印花布，地板淡茶色，墙壁奶白色，此色调适合少妇和女孩。全是粉红色的家居空间一直都很流行，但是时间一长，全粉会令人感到枯燥无味。

要将粉红色做得有变化，应当在粉红色上做文章。粉红色的变化也很微妙，偏大红的粉红与偏紫红的粉红就有很大区别，有一点粉和特别粉也有很大区别。当这些区别相互搭配、相互组合后就能体现出对比，再配置其他颜色做点缀，就能营造出很大的变化。打造典雅靓丽的色调还在于清新的对比，加入白色是必不可少的，甚至可以添加少量金色或

银色，无论是当作配饰还是花边，都是很不错的表现手法（图4-22）。

4.3.4 典雅优美的色调

典雅优美的色调中心色为玫瑰色和淡紫色，地毯用浅玫瑰色，沙发用比地毯浓一些的玫瑰色，窗帘可选淡紫印花的，灯罩和灯杆用玫瑰色或紫色，放一些绿色的布垫和盆栽植物点缀，墙和家具用灰白色，可取得雅致优美的效果。

典雅优美色调的受众效果也不错。除了玫瑰色和淡紫色外，装修业主喜爱的其他任何颜色都可以当作主体，墨绿色、藏蓝色、褐色都是不错的选择。这些中性色无论搭配怎样的配色都能体现出优美感，要注意将明度对比拉开，适当加入白色或浅色，就不会让整个空间

显得沉闷了（图4-23）。

4.3.5　华丽清新的色调

华丽清新的色调中心色为酒红色、蓝色和金色，沙发用酒红色，地毯为暗土红色，墙面用明亮的米色，局部点缀金色，如镀金的壁灯，再加一些蓝色作为辅助，即成华丽清新格调。

在家居装修的过程中，客厅的装修无疑是重头戏，好的客厅装修装饰不仅能体现出美观，更能提升家主人自身的品位与风格。客厅作为接人待物、聚会就餐、放松休闲的主要空间，其设计一定要使它起到家居交流沟通枢纽的作用，房间的色调与家具的搭配要重点体现出和谐的氛围，要对区域进行合理划分，使风格样式协调统一（图4-24、图4-25）。

图 4-24　华丽清新的色调（一）

图 4-25　华丽清新的色调（二）

★家装小助手★

颜色搭配是很多人装修的难题。在装修中只要按照一定的规律进行搭配，其实很简单。按照上面的5种搭配方法应该可以搭配出不错的效果，也可以自己进行一些尝试性的搭配，或者参考别人的好的方法进行搭配。

4.4　家具选择

我来帮你想妙招

好家装离不开好家具，选择与装修风格相匹配的家居商品是保证居家装饰协调、统一、美观、大方的前提。然而，传统的家居装饰模式中，因装修与家居商品配置的分离，装修结果与理想效果迥异；二是由于营销成本过高，商品价格严重背离商品的价值。影响家具价格的因素主要是材质与产地。

图 4-26　简约家具

图 4-27　古典家具

现代简约家具的显著特点是家具由各单元的工件装嵌而成，易于拆卸运输、搭配组合，比起厚实沉重的古典家具，其款式更加多样化。它的兴起反映出大众家具消费观的进步和提高，不再是单纯追求坚固耐用，而更讲究家具款式的多样性、组合的多功能性和灵活性，其风情也迎合了现代人对简约生活的需求（图 4-26）。

新古典主义时期的家具借鉴建筑的外形，以直线和矩形为造型基础，并把椅子、桌子、床的腿变成了雕有直线凹槽的圆柱，腿端又有类似水果的球体，并减少了青铜镀金面饰，较多地采用了嵌木细工、镶嵌、漆饰等装饰手法（图 4-27）。

现代简约家具的式样精练、简朴，雅致；做工讲究，装饰文雅。曲线少，直线多，旋涡表面少，平直表面多，显得更加轻盈优美。常用木材为胡桃木，其次是桃花木心、椴木、无目乌木等；以雕刻、镀金、镶嵌陶瓷及金属等装饰手法为主，装饰题材有玫瑰、水果、叶形、火炬、竖琴、壶、希腊的柱头、狮身人面像、罗马神鹫、戴头盔的战士、环绕"N"字母的耳朵花环、月季树、花束、丝带、蜜蜂及与战争有关的题材。

4.4.1　客厅家具

随着人们生活水平的不断提高，客厅已成为全家人娱乐、休息、待客及相互沟通必不可少的场所，它在一定程度上标志着主人的身份、品味和情趣。客厅家具除了具备本身的实用价值之外，还要大方得体，让人感到温馨、亲切。

客厅家具一般包括电视柜、储存柜、沙发、茶几等。在选择客厅类家具时，要把各个部件融入到客厅的大环境中来，客厅家具的造型风格要统一，质地和颜色要协调。家具的尺寸要和房间的面积相吻合，使客厅具有完整感。客厅最好利用沙发、地柜、画架、屏风等来分割空间，家具摆放不宜过多，密度要适当，让人感觉宽敞。在挑选时，这里挑一件、那里挑一件，可能每一件你都很喜欢，单独看也不错，但是组合到客厅里就看着别扭，达不到预期效果。比较妥当的办法是成套购买，或按组购买，这样可以保证整体风格一致。

茶几与沙发都是主人最喜欢摆放的家具，同时也是最适合提升家居气质的家具，对这些家具的选购都是值得重视的（图4-28、图4-29）。

茶几可以说是客厅的眼睛，体积虽小，但是却摆放在客厅谈话区域的中心位置，成为目光的焦点。一张惬意的茶几就像一个小精灵，舒心的家园、美丽的角落因为有雅致的它而倍添高贵，有体贴的它而使人倍感轻松方便，有独特的它而更增几分创意和个性。茶几的款式可以说是变化多端，不同的茶几能为沙发和居室调配出别样的风情。典雅风格的茶几大方稳重，造型不一定复杂，但讲究精致、色调温和并与简洁明快的沙发家具相配；若再点缀一束鲜花，则更添高贵气质，其充满现代感的造型、精湛的加工工艺与材料、协调的结构比例以及雅致的色彩会表现出唯美主义的倾向。

选购茶几时应根据居室与沙发的大小来确定茶几的尺寸和类型，根据居室的装饰风格来确定茶几的风格，根据居室的色彩和其他家具的色彩来选配茶几的颜色及材料。家居色彩搭配协调是营造温馨居室的重点，巧妙借用居室中其他家具的色彩，着力在茶几色彩的面积与用量方面下功夫，运用各种颜色的互补，能使整个居室充满活泼的时尚气息。

目前，最常见的就是玻璃桌面搭配铁质或木质的桌脚。由于制作技术的进步，融合不同材质的茶几，一方面在造型上有更多的变化性，使屋主在搭配上有更多弹性，另一方面在桌面这个重要的部位采用玻璃等易碎的材质或石材等贵重的材质，达到质感与品位上的要求，因此，使用率相当高。但选购前要注意的是，不同材质的茶几在接缝处理上是否牢固。

沙发在客厅中除了使用价值外，还承担着"面子工程"的角色。合适的沙发能提升客厅的档次，改变客厅给人的感觉。因此，选购一款合适的沙发是非常重要的。首先要确定好客厅的风格，是古典，是现代，还是大众化，然后奔向这种理想风格的沙发。或许可以说，中式长椅是中国人试图和西方接轨，却只是在形式上"意思"了一下的产物。一把长椅，铺上海绵椅垫，就是中式，这是工艺和装饰在传统中式家具中的体现。

图4-28　客厅家具（一）　　　　图4-29　客厅家具（二）

图4-30　卧室家具（一）

图4-31　卧室家具（二）

欧式风格的沙发，不但实用，并且时尚，这一点是其他风格的沙发无法比拟的优势，因而欧式风格的沙发在世界各地都大行其道，也是家居卖场里的主流沙发样式。不管是皮沙发还是布艺沙发，一套下来光面料就需要十多平方米，所以面料的档次成为影响价格的一个重要因素。

4.4.2　卧室家具

人的一生有三分之一的时间在卧室中度过，温馨雅致的卧房不仅会使人容易进入美好的梦境，更有益于身心健康。卧室装修应简洁、淡雅、温馨；装修色彩与家具颜色应和谐统一，一般可采用绿色、粉色、蓝色、灰色或茶色为基调，应根据自己的年龄、爱好、职业等确定装修方案。卧室是一个私密性很强的空间，在用材上应该选用一些隔音性较强的材质，如地毯、地板、壁纸，或作一些软包的装饰。卧室通常包括床、床头柜、衣柜、地柜、梳妆台等家具（图4-30、图4-31）。

选购成人卧室家具时，一定要使家具的风格、色彩与装修的风格、色彩协调统一，最好是先确定家具，后装修。如果是新房装修，最好是在家装基础设计的同时，就充分考虑与家装风格相匹配的家具产品在最终家居环境中的合理布置，实现家装设计和家具选配的同步进行，这样可以保证家具的造型、色彩、功能、质感能与室内环境相互协调搭配，构成一个连贯呼应、相得益彰的整体室内空间效果。一般情况下，选择调和性的粉色、淡蓝色彩更适宜。不过大红、金黄这些强烈的色彩也很符合中国人卧室中温馨的传统色彩格调。如果装修的环境充满古典气氛，不妨考虑中式或西式的古典风格。在古典的造型中，可结合更为先进的工艺技术。如果装修环境的现代气息比较浓，诸多前卫色彩的成人卧室家具可能更对胃口。如果居室的装修色调较浓重，那么，一般来说，便不宜选择色调深沉的成人卧室家具，因为色调深沉的家具在背景色调浓重的空间里会形成沉重昏暗的室内气氛。家具的风格要与地面材料相协调。如果居室使用的是木地板，则比较容易选配成人卧室家具。如果使用的是瓷砖、水磨石或大理石地面，则不宜选择钢木成人卧室家具，那样会增加室内冰冷的气氛，对此建议选用木质成人卧室家具来调和，并在室内局部加铺地毯，以缓和冷而硬的感觉。

卧室的主角无疑是床，所以一张床的选择十分重要。人们往往要在确定了床的基调的基础上选择其他家具与其相配。对于目前越来越受人们喜爱的超标准大床，联邦家私的专业设计人员认为，如果卧室的空间足够大，挑选各种尺寸的床具都没有什么问题；但如果仅仅是十平方米左右的小卧室，配上大床就会显得非常拥挤。对于大卧室来说，可以选择成套的卧房家具，这样用起来得心应手，十分方便。而在小卧室里，也不必专门购置衣柜，可在装修时把衣柜考虑进去，让设计师把衣柜和墙进行一体设计，这种顶天立地的壁柜有效地利用了空间，能起到很强的收纳作用。同时，小卧室也可以只选择一个床头柜，让另一个床头柜和梳妆台合二为一，既不失实用性，又有效利用了空间。

成人卧室家具的尺寸、品质与功能也是重点考虑对象。如果你拥有一个具有宽阔空间的居室，宜选择尺寸稍大的成人卧室家具，而如果空间有限，不要选择大尺寸的成人卧室家具，否则有可能使空间显得拥塞。所以，合适的比例关系也非常重要。此外，对于成人卧室家具品质的优劣、功能合理与否，亦要细细明察。选购成人卧室家具，最好购买品牌家具，因为它们有高品质的控制，质量方面有保障，且供货商可以提供完善的售后服务，比如可以免费送货、免费安装，如有质量问题，公司可以实行先行赔付，所有商品可以一年内免费维修。

4.4.3 餐厅家具

良好的就餐环境不仅能给人带来温馨舒畅的心情，并且能增强人们的食欲。当今的餐厅绝大部分已与客厅或厨房融为一体，因此在装修时应充分考虑与客厅或厨房的装修风格协调统一，宜选择明朗轻快的色调，并摆放一些绿色植物（图4-32、图4-33）。

图4-32　餐厅家具（一）

图4-33　餐厅家具（二）

图 4-34 书房家具（一）

图 4-35 书房家具（二）

现代简约风格的餐厅一般选择玻璃餐桌，并配以线条简洁的桌椅，现代感十足。古典风格的餐厅最好搭配仿古家具——红木色餐椅，古朴而又浪漫。东南亚风格的餐厅可采用原木餐桌、藤制餐椅，使就餐显得更加随意。在家具配置上，餐厅通常包括餐桌、餐椅、酒柜等家具。

餐厅家具的选配原则上应根据装修的风格、颜色、房间的大小及装修的档次来进行，尽量与整体环境的格调一致，切忌东拼西凑。布置上要把握风格统一、配套的原则。对于餐桌，最常用的是长方桌或圆桌，折叠、推拉长桌也较为常见。餐椅要与餐桌配套，造型主要依据居室的大小和整体风格而定。实木餐桌椅具有天然纹理，设计简洁，透露自然淳朴的气息。金属/玻璃桌椅以玻璃做台面，配以电镀金属，时尚感强。

现代餐厅家具在不同材料的采用与款式设计上也充分迎合了现代家庭的需求。普通玻璃或钢化玻璃、弯曲玻璃的餐厅家具搭配金属或木质餐椅，对于与家居环境中简约、明快的装修风格相配套的要求来说是再合适不过的。而木质

或石材台面的餐厅家具呈现的是庄重与高雅。

餐椅的选择应与餐桌相互呼应。现代餐椅主要有木质、金属配皮两种材质。在近年的家具流行风潮中，又出现了在金属内架上包附上绒布面料的餐椅，且布料主要以动感的花纹和绚丽色彩为特点，将现代与时尚之风在餐厅环境中演绎得更为淋漓尽致。

可以选用餐边柜，即用以存放部分餐具用品、酒水饮料等就餐辅助用品的家具。另外，还可以考虑设置临时存放食品与用具的其他空间。

4.4.4 书房家具

书房已成为人们休息、思考、阅读、工作、会谈的综合场所。其装修的风格也趋于多样化，色彩明快，线条简洁，配以金属感极强的系列书房办公家具，充满了现代生活气息。色调沉稳、装修稳重的书房应配置厚重而又沉稳的原木色办公家具，再配以书画、古董等艺术品，就更富书香气息。书房通常包括书桌、书柜、办公椅等家具商品（图4-34、图4-35）。

图 4-36　儿童房家具（一）

图 4-37　儿童房家具（二）

书房中家具的布置方法较多，归纳起来大致有一字型、L 型和 U 型三种常用的方法。柜架类的配置也要尽可能围绕着一个固定的工作点，与桌子构成整体，以减少无功效的劳作。在特定的环境里，还常根据不同的工作内容，采用高低相接、前后交错、主次有别的布置形式，使布置既合理又富于变化，以达到提高效率的目的。

4.4.5　儿童房家具

对于孩子来说，玩耍是生活中不可或缺的部分。装修儿童房应该尽可能适合孩子的天性。基于这样的考虑，儿童房的地面一般采用木地板或耐磨的复合地板，也可铺上柔软的地毯，或者铺橡胶地面，墙面可采用儿童墙纸或墙布以体现童趣（图 4-36、图 4-37）。

家具的选择在色彩和形态上应丰富多样。儿童套房通常包括床、床头柜、衣柜、电脑桌等家具商品，按风格归类主要是属于现代风格的板式家具，它们采用的材质主要是中密度纤维板，外为喷漆工艺。喷漆的处理通常又分为亚光和亮光效果。青少年家具多是组合式家具，颜色趋于以黑色、灰色、米白色、淡黄色、天蓝色、草绿色为主调，其品质与价格主要取决于它的选材、规格、款式、做工及销售模式。

青少年家具选配在原则上应根据居室的装修风格及颜色、房间的大小及装修的档次来进行。青少年床的国标内径规格为 1200mm×1900mm，也可特殊订购成内径规格为 1500mm×1900mm 的款式。而青少年家具有较多的色彩系列，可在订购款式、规格不变的基础上对外部油漆色彩进行更换。青少年套房的床头柜一般情况下只有一个，而不是两个。

青少年板式家具在选购中应重点关注工艺质量，主要是看裁锯质量，边、面装饰质量和板件端口质量是否符合使用要求。表面的板材不应有划痕、压痕、鼓泡、脱胶、起皮和胶痕迹等缺陷；木纹图案应自然流畅，对于对称家具，要注意板面色彩及纹路的一致性、和谐性，达到精确要求的板材裁锯后边廓平整，对角度好，不会出现板块倾斜的现象。边、面装饰的装饰部件上涂胶应均匀，粘结应牢固，修边应平整光滑，零部件旁板、门板、抽屉面板等下口处等可视部位的端面应做封边处理，装饰精良的板材边缘上应摸不出粘结的痕迹。拼装组合中尤其是在钻孔处企口应精致、整齐，连接件安装后应牢固，平面与端面连接后T形缝应没有间隙，用手推动应没有松动现象。门、抽屉的分缝不应间隙过大，一般要求在1～2mm之间，门和抽屉的开启、推动应灵活自如。金属件要求表面镀电处理好，不能有锈迹、毛刺等，配合件的精度要求更高。塑料

件要造型美观、色彩鲜艳，使用中的着力部位要有韧性和弹性，不能过于单薄。开启时连接件要求转动灵活，内部装有的弹簧要松紧适当。其板材中的甲醛释放量，根据国家标准的规定，应低于20mg/100g。消费者在选购时，打开门和抽屉，若嗅到有一股刺激性异味，造成眼睛流泪或引起咳嗽等状况，则说明甲醛释放量超过标准规定。

需要注意的是，给青少年选择家具时，不要由家长一手包办，要充分听取孩子的意见。让孩子拥有自己满意的生活空间，会让他们对家更有归属感。

★家装小助手★

家具的选择要配合自己所选家装的风格，不同的风格搭配不同的家具，不同风格的家具之间差别非常大，在选择之前可以参考一些风格明显的家具，这样就可以选择符合家装风格的家具，不会出现不必要的损失。

4.5 布艺配饰选择

我来帮你想妙招

家居装饰品的选择和搭配将为你的居室带来生气，同时也会美化家居环境，为你营造一个舒适和温馨的家园。精致的家居装饰品对于整体家居环境来说就像伴侣对于咖啡一样重要，家居装饰品的缺失会让整体家居环境显得逊色。简约现代风格的家居装修要体现层次与丰富感，可以在软装方面下功夫，布艺配饰所能表达的视觉效果远远超过硬装修。

布艺在现代家装中越来越受到人们的青睐。如果说家装使用功能的装修为"硬饰"，而布艺作为"软饰"在家居中

更具魅力，它柔化了室内空间生硬的线条，赋予家居一种温馨的格调，或清新自然，或典雅华丽，或情调浪漫。在布

艺风格上，可以很明显地感觉到各个品牌的特色，但是却无法简单地用欧式、中式抑或是其他风格来概括，各种风格互相借鉴、融合，赋予了布艺不羁的风格特点。最直接的影响是它对家居氛围的塑造作用加强了，因为采用的元素比较广泛，让它跟很多不同风格的家居都可以搭配，而且会有完全不同的感觉（图4-38）。

4.5.1　窗帘

1. 窗帘在不同空间中的应用

卧室窗帘应与客厅窗帘有所不同。在卧室中窗帘的布置主要是创造一个安静幽雅的气氛。一般可在窗帘中加一层遮光布衬，这样在夜晚可屏蔽街道上的噪声使卧室显得安静；在清晨又可遮住射入房内的阳光，不致影响主人的睡眠（图4-39）。而客厅宜选色调中性偏暖、华丽的垂幕帘，主要是加强装饰性。书房可选色调中性偏淡的窗帘加饰一道帘绳或帘结，显得雅致一点。老人卧室中，

家具若为中式风格，宜用花纹朴实的，如直条或带有民间图案特色的暗花窗帘。新婚卧室最好选择色彩鲜艳、图案新颖、花形偏大或带有抽象图案的窗帘。儿童卧室的窗帘可选择充满童趣、色彩缤纷的卡通图案窗帘。

2. 窗帘应根据采光和季节变化而异

如果想使窗户既有好的采光但又不被外界窥视，可用两层窗帘：一层用遮光窗帘，另一层用花编透花窗帘。室内如使用日光灯，窗帘的颜色可深些；如使用普通灯泡（白炽灯），光带黄色，窗帘的颜色就不宜太深。一般底层房间面临室外的窗户可以采取纵向或双幅窗帘，白天可拉上下层窗帘，既避免干扰视线，又有采光，到了夜晚即可全部拉上。北方气候较冷，宜选深色；南方气候温暖，适用中性色。春秋季以中性色为宜，夏季以白色、玉色、天蓝较佳，冬天用紫红、咖啡等色较合适。朝北或朝西的房间宜用暖色调的窗帘，朝东或朝南的房间宜用冷色调的窗帘（图4-40）。

图4-38　布艺装饰

图4-39　双层窗帘

图 4-40 蓝色窗帘

图 4-41 花卉图案窗帘

3. 窗帘的颜色、图案选择

墙壁、家具为白色、淡奶黄色、淡绿色、粉红色，那么窗帘的颜色应在同色系的基础上加深，取乳黄色、浅棕色、中绿色、湖蓝色、淡紫红色。窗帘织物的图案和家具的款式有着密切的联系。中式家具应配花形简单、清爽的图案，比如简单的竖条、横条、方块等几何图形或传统风格的梅、兰、竹、菊等清爽悦目的图案；新颖的组合家具宜配花卉图案、较夸张的几何图案或新颖别致的风景图案等（图 4-41）。

4.5.2 床上织物

1. 床罩

用床罩遮盖卧具是使居室整洁美观的好方法。随着现代席梦思软床的出现，用普通床罩已不合时宜，取而代之的是构图丰富、质地精美的床罩。因为床罩在卧室里占用的面积较大，故而它在居室软装饰中起着统一色调、协调居室环境气氛的重要作用（图 4-42）。

图 4-42 床罩

床罩的面料可选印花棉布、色织条格布、提花线呢、印花软缎、腈纶簇绒、丙纶簇绒、泡泡纱等许多种。比如泡泡纱床罩，色彩斑斓，可补充室内色彩。其条纹清晰，更显床的平缓，起泡的布面与平滑坚硬的墙面恰成对比。但要注意床罩所选面料不宜太薄，网眼不宜过大，图案和色彩应与墙面和窗帘相协调。

床罩是平铺覆盖在被子上的。在制作床罩时要根据床的大小和式样决定其选材与式样，目前比较流行的是三面悬垂的床罩，按照床的高度，以垂至离地100mm左右为宜。另外还有单层或夹层、带褶或不带褶、带荷叶边或带花边穗等式样上的区分。

2. 床单

选择床单时首先应考虑容易洗涤、耐磨、有实用价值。床单的花色以单色、格子和印花为主。对于床单的色彩，与往年流行的淡雅花色不同的是，近年来自然色更显时尚，如沙土色、灰色、白色和绿色等。包括床单、被套、枕套、床罩在内的多件套颜色基本一致，而全套床上用品有时不可能全部换洗，这就给自由搭配提供了空间。但一般都是以占最大面积的床单或被套为基准，参照其图案的色系，用近似色的长枕、方枕与之搭配（图4-43）。

如不采用床罩，则床单就会在卧室中起着主导的装饰作用，故要仔细考虑床单的色调、图案、纹理，使之与卧室环境相协调。因此，所选面料不宜太薄，网眼不宜过大，在材质、图案、色彩、式样的选择上最好与窗帘同时考虑，以取得完整统一的空间视觉效果。

3. 被面、被套

对于被面，过去常选用丝绸、软缎、线绵等，也有的采用印花棉布被面。被面以色彩鲜艳的居多，常有大红、大绿、金黄等，一般在婚嫁时采用。被面在使用时比较麻烦，每次换洗时都需要拆和缝，因此现代居室中大都采用素色被套，将传统的被面逐渐淘汰（图4-44）。

被套一般都选用纯棉材料，因为被套和人的肌肤贴近，纯棉制品吸汗、透气且具有冬暖夏凉的感觉。虽然目前有50%的产品是采用棉与其他人造纤维混纺的材质，加强了其不易皱的特性，但都不及纯棉制品柔软舒适。无论是使用被面还是被套，除了材质上的要求以外，就是一定要注意色彩、图案与整个卧室要协调搭配。

图4-43　床单

图4-44　被面与被套

图4-45　枕套与枕芯

图 4-46　靠垫（一）

图 4-47　靠垫（二）

4. 枕套、枕芯

枕套是保持枕头清洁卫生的不可缺少的床上织物，也是床上的装饰物品之一。它的面料以轻柔为好。枕套的色彩、质地、图案等应与床单相同或近似。随着床罩的发展变化，枕套的款式也越来越多，有镶边的、带穗的；有双人枕套，也有单人的。枕套的种类很多，有网扣、绣花、挑花、提花、补花、拼布等，一般根据其他床上用品的选择配套布置（图 4-45）。

枕芯过去常采用荞麦皮、谷壳、茶叶、绿豆壳或中草药等为填充物，现在常用弹力絮或羽绒作枕芯。目前提倡保健枕头，采用蚕砂及其他中草药灌装枕芯，有明目健脑、治头痛、防落枕等功效。

4.5.3　靠垫

靠垫在室内的装饰作用是值得称道的。此外，它实用方便，适合人体功能所需，让人可以舒适地坐或靠，既可以摆在床上，也可以放在沙发上。靠垫除了靠的作用，还有另一种功能，可以给人抱，抱着靠垫看书、看电视、睡觉是很惬意的（图 4-46、图 4-47）。

靠垫的造型丰富多彩，常见的是方形和圆形的，此外还有三角形、多角形、圆柱形、椭圆形、动物形、植物形的靠垫，更是生动有趣。靠垫的形状能加强室内"形"的表现力，如柱形靠垫增加庄重感，圆形靠垫则在端庄中寓活泼，动物形靠垫可增加室内活泼轻松的气氛，唤起人们的童心。靠垫边缘的处理也是多种多样的，如锁口、皱褶、镶饰丝条、缝缀滚边、荷叶边以及附加不同的穗子等。

几乎所有的织物都可用作靠垫的面料，常用的有印花棉布、粗纺织物、灯芯绒、亚麻布、蜡染布等，也有的用毛线编织、碎布拼缝，也颇具特色。靠垫的内胎填充材料有羽绒、腈纶棉、毛线头、丝棉头、海绵或海绵碎块等。原先常用棉花作内胎，但棉花时间久了回弹力较差，所以现在很少采用。

靠垫有随意制作和搬动的灵活性，放在床上既可当枕头，又可借以随意在床上歪靠小憩；放在沙发上可以用来调节人体的坐、靠、卧姿势，使人体与沙发接触更为贴切舒适。

靠垫与蒙面织物间的关系最为密切，是居室内的重点点缀。因而对它的材质、色彩、图案的选择要慎之又慎。靠垫的图案可以是独幅画形式，也可以是连续纹样中的一部分，有时甚至是一种颜色的布料，只要在色彩上考虑到室内整体环境，效果也是会比较好的。

4.5.4　台布

台布又称"桌布"，是装饰与实用并重的一种织物。它的作用一是保护桌面，避免桌面磨损；二是可为桌面上的餐具、插花和其他摆件作衬托。如果餐桌的材质不够好或者有瑕疵、破损等缺陷，也可依赖桌布来遮掩（图4-48、图4-49）。

常用的台布大致可分为两种：一种是玲珑剔透、高雅洁净的手工艺台布，如花边、网扣、雕绣、抽纱等；另一种为外观挺括、耐磨、防水的实用台布，如混纺印花台布，还有背面涂胶的防水无纺布台布，以及涤棉混纺经编阻燃台布等。台布可用一层，也可以用两层。如上层是轻薄易洗的涤纶长丝经编花边织物，底层衬以较粗厚的纯棉提花织物，

形式上可以一方一圆，构成美丽的桌围，增强美感。

台布应与桌面的规格配套，如方形台布铺方桌，以对角铺设为宜，台布四周应自然下垂，也有的在圆桌周围加上桌围。对于小桌上的台布，可盖上一块与桌面同样大小的玻璃板，压上几张画片或照片，以弥补空荡单调的感觉，增加几分情趣。对于进餐用的大桌，在用餐时，台布上可覆盖一层透明塑料薄膜，可防水渍油污。此外，床头柜、茶几、缝纫机的台面上，也宜铺一方钩织花边的小台布。

台布的颜色应尽量淡雅清爽，传统的台布都为白色，现在也用其他颜色，但基本上用暖色。台布的图案不能太多太碎，否则就难以突出台面上的茶具、餐具和其他小摆设。选择有图案的台布时，它的图案要与床单、窗帘等织物尽量谐调。台布的材质和图案代表一种独特的语言。一般来说，台布垂地，加上绒面反光的材质，能显示出主人对来客的礼遇和热情，而方格式或者条纹图案加上纯棉的材质，能为主宾带来轻松愉快的就餐氛围。

图4-48　布艺台布

图4-49　PVC台布

图 4-50　沙发巾与沙发套（一）

图 4-51　沙发巾与沙发套（二）

4.5.5　沙发套、沙发巾

沙发套主要用来保护沙发面料，一般都在沙发使用长久后，为了遮盖破损或褪色而使用，同时也能使"破旧"的沙发焕然一新。也有的是为了改变沙发的颜色用沙发套来调节，如一套皮沙发，若其黑色与室内主调不协调，用暖色调的沙发套罩上以后，则改善了皮沙发冬天的冰凉感，又丰富了室内的色彩（图4-50、图4-51）。

过去通常采用价廉、牢固、不易褪色的卡其布做沙发套。现在装饰观念变了，人们不愿用价廉的面料来蒙住漂亮的沙发。如新买来的沙发造型与色泽都不错，就不要用沙发套，反而会有"藏拙"的错觉。所以有人宁愿选购那种面料稍差的沙发，把省下来的钱花在质地较好的沙发套上，还能经常通过更换沙发套来达到"更新"的效果。

在选择沙发套面料时，除了应选择质地较厚、耐磨、柔软、易于洗涤的布料外，还应考虑色彩、图案和造型。色彩以能激起人们情感、温情、舒适的颜色为好，如黄、绿、橙、玫瑰红等色。沙发套的线条花纹要与沙发造型相配合。沙发造型矮宽，宜采用直线条图案；沙发造型高长，宜采用大花、团花图案；流线型沙发，采用单一色的面料效果较好。

沙发套制作时应注意嵌线挺拔，经纬顺向，图案对称，套子与沙发尽可能服帖，最理想的是让人看不出有套子，使沙发套与沙发浑然一体。

沙发巾也能对沙发表面起保护作用，其铺设位置一般是沙发上易脏、易损的部位，如头和手与沙发的接触处。由于这些部位比较显眼，故对沙发巾的装饰要求较高。档次较高的布艺沙发以及真皮沙发，一般都不能换沙发套，因此更需要披上一块沙发巾。

沙发巾的品种、式样和工艺极为丰富，经精心挑选可在居室环境中起到点缀作用。我国民间常用织、补、挑、钩、染等工艺制作网扣、抽纱、织棉和蜡染等沙发巾，既实用又美观，恰当地使用能增强室内环境的艺术情趣。目前家庭中用网扣式沙发巾为多，以几何纹、植物花纹图案最多，颜色以本白色和乳白色为主。沙发巾的尺寸不宜太大，以免影响沙发本身的美感。另外沙发巾需经常洗涤，故在选料时应考虑其收缩、褪色等因素。

★家装小助手★

在布艺的使用与选择上也需要慎重，特别是在窗帘的选择上应该按照家居的风格和色调进行选择，不是盲目地觉着好看就买，最后和家装的风格不符，再去退换就会很麻烦，安装上又是一笔费用。只要注意一个原则，就是室内的色彩形态比较丰富时，靠垫要采用统一的、简洁的、弱的配色。如果室内色彩形态比较简洁谐调，则靠垫可以用对比色、明亮色，适当地加强一些明快、鲜亮的色彩，会使室内气氛顿时活跃起来。

第 **5** 章

图纸绘制表现

关键词：标准、图线、快速

目前，大多数装修业主都希望拥有设计图纸来指导施工，然而装饰公司一般会收取高额的设计费，给装修过程带来一定麻烦。如果装修消费者有自己独特的设计主张和明确的设计目的，则完全可以自主设计并绘制图纸。绘制设计图其实也不像大家想象的那么困难，可以通过各种方式来绘制。自主画图会让装修消费者更加珍惜自己的设计创意成果，更加充分地享受图纸表现所带来的便利（图5-1）。

5.1 看懂图纸

　　一套完整的图纸应包括以下 13 个部分，并且它们应按照所标明的序号排列：1.图纸封面；2.图纸目录；3.方案设计说明；4.原始框架图；5.设计后墙体改建图；6.设计后平面布置图；7.地面材料图；8.天花布置图；9.天花节点图；10.电源插座布置图；11.线路开关控制图；12.装饰施工立面图；13.构造节点图。

　　家装设计图相对于建筑设计图而言比较简单。装修业主自己能独立绘制的图纸主要为原始平面图、平面布置图、顶面布置图和主要立面设计图。水路图、电路图和节点构造详图等技术含量较高，在具体施工中可以向施工人员讲明要求，由施工人员或工程负责人来绘制，这些图的基础仍是业主绘制的平面布置图。要绘制上述图纸，首先要读懂图纸，主要了解图纸中的尺寸关系、门窗位置、阳台以及贯穿楼层的烟道、楼梯等内容（图 5-2、图 5-3）。

图 5-1　鸟瞰效果图

图 5-2　彩色立面图（一）

103

5.1.1 原始平面图

原始平面图是指住宅现有的布局状态图，包括现有的长宽尺寸、墙体分隔、门窗、烟道、楼梯、给排水管道位置等信息，并且要在其上标明能够拆除或改动的部位，为后期设计打好基础。有的业主想得知各个房间的面积数据，以便后期计算装饰材料的用量，还可以在上面标注面积数据和注意事项等信息。原始平面图也可以是原房产证上的结构图或地产商提供的原始设计图，这些资料都可以作为后期设计的基础（图5-4）。

5.1.2 平面布置图

平面布置图在反映住宅基本结构的同时，主要说明平面装修项目的布局形式，以及装修设备的设置情况和相应的尺寸关系。平面布置图也是后续立面、地面装饰和设备安装等施工项目的统领性依据。平面布置图一般须标明住宅的平面形状和尺寸；表示地面装饰材料、拼花图案、装修做法和工艺要求；表示各种装修设置和固定式家具的安装位置并注明它们与房屋结构的相互关系；表明与该平面图密切相关的立面视图的位置及编号；表明各种房间或装饰分隔空间的平面形式、位置和使用功能；表明过道、楼梯、防火通道、安全门、防火门或其他流动空间的位置和尺寸；表明门、窗的位置、尺寸和开启方向等（图5-5）。

5.1.3 顶面布置图

顶面布置图又称为天花板平面图，主要表现业主对住宅顶面的装饰平面布置及装修构造方面的要求。顶面布置图表明顶面装修造型的布置形式和各部位的尺寸关系；注明顶面装修所用的材料种类及其规格；表明灯具的种类、布置形式和安装位置（图5-6）。

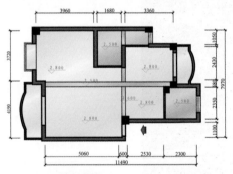

图5-4 原始平面图

图5-3 彩色立面图（二）

图5-5 平面布置图

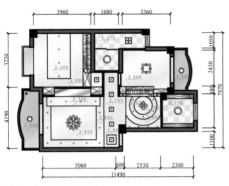

图 5-6　顶面布置图

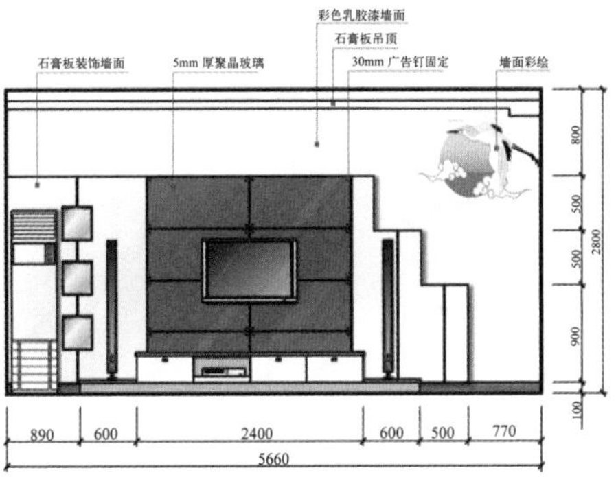

图 5-7　立面图

5.1.4　立面图

立面图是指由平面布置图中有关各投影符号所引出的墙面投影图，用来表明家居空间各重要立面的装饰方式、相关尺寸、相应位置和基本构造的做法。立面图要求表明吊顶高度及其叠级造型的构造和尺寸关系；表明墙面装饰造型的构造方式、饰面方法并标明所需装修材料及施工工艺要求；表明墙、柱等各

立面所需的设备及其位置尺寸和规格尺寸；表明墙、柱等立面与平顶及吊顶之间的连接构造和衔接收口形式；表明门、窗、轻质隔墙或装饰隔断等设施的高度尺寸和安装尺寸；表明与装修立面有关的艺术造型高低错落的位置、尺寸。此外，立面图须与剖面图或节点图相配合，表明建筑结构与装修结构的连接方法及其相应的尺寸关系（图 5-7）。

★家装小助手★

要看懂图纸其实很简单，只需要知道不同线型之间的结构关系就行。此外还要注意一些小细节的标注，看清楚一些细小的图标，比如空调孔或者烟道的位置，这对平面上的布局来说是十分重要的。

5.2 绘图基础

绘制的图中应有墙、柱定位尺寸，并有确切的比例。不管图纸如何缩放，居室的绝对面积不变。有了室内平面图后，就可以根据不同的房间布局进行室内平面设计。卧室内一般有衣柜、床、梳妆台、床头柜等家具；客厅里则布置沙发、组合电视柜、矮柜，有可能还有一些盆栽植物；厨房里少不了矮柜、吊柜，还会放置冰箱等家用电器；卫生间里则是抽水马桶、浴缸、洗脸盆三大件；书房里写字台与书柜是必不可少的，如果使用者是电脑爱好者，还会多一张电脑桌。居家的家具可以自己购买。如果房间的形状不是很好，根据设计定做家具，会取得较好的效果。

5.2.1 图纸规格

住宅装修的设计图纸幅面一般不大，通常为 A4（297mm×210mm）或 A3（420mm×297mm）规格，也可以根据所画图样的大小来选定图纸的幅面。图纸的规格要根据所绘制的内容来确定，以保证能清晰、准确地说明设计思想。如果设计对象是别墅或带有较大面积户外花园的住宅，就可以选用 A2（594mm×420mm）规格。标准图纸上有图框，即绘图的边界线，任何图形都不能超出图框线。图框线距离图纸边缘一般为 5～10mm（图 5-8）。

5.2.2 图线类型

家居装修设计图是由形式和宽度不同的图线绘制而成的，要求图面主次分明、形象清晰、易读易懂。表示不同内容的线条，其宽度（称为线宽）应相互形成一定的比例。一幅图纸中最大的线宽（粗线）的宽度代号为 b，其取值范围要根据图形的复杂程度及比例大小而酌情确定。一般将图线的宽度分为特粗线 1.4b、粗线 b、中线 0.5b、细线 0.25b。以常用的 A4 幅面图纸为例，b 可以选为 0.5mm，那么特粗线为 0.7mm、中线为 0.25mm、细线为 0.13mm。A3 幅面图纸 b 可以选为 0.7mm，其他的图线依此类推（图 5-9）。

特粗线用于图框界线或户外建筑的地平线，粗线用于墙体轮廓线、符号标记线，中线用于家具、构造轮廓线，细线用于装饰、细部构造、尺寸标注等其他用途。另外还会用到虚线和点画线，这两种图线在同一张图纸中一般都选用细线的宽度，虚线用于表现不可见或隐藏的装饰结构，点画线用于对称中轴线。在绘图时，图线不能与文字、数字或符号重叠、混淆，不可避免时要首先保证文字清晰（图5-10）。

5.2.3　图纸比例

比例是指图形与实物相对应的线性尺寸之比。比例的大小是指其比值的大小，如1∶50就大于1∶100。在家居装修制图中，比例一般根据图纸的规格和房屋面积大小来确定。在A4图纸中，绘制120m^{2}左右的平顶面图，可以将比例定为1∶100；绘制80m^{2}左右的平顶面图，可以将比例定为1∶50；绘制室内立面图，可以将比例定为1∶20（图5-11、图5-12）。

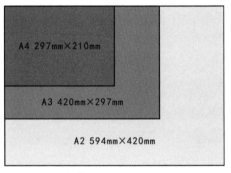

图5-8　图纸规格

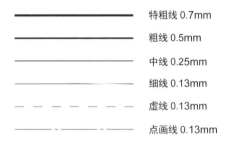

图5-9　图线类型

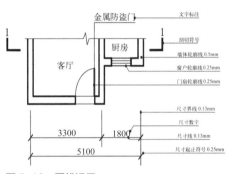

图5-10　图线运用

图5-11　平面图

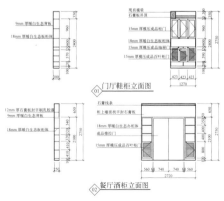

图5-12　立面图

比例一般注写在图名的右侧，文字排列整齐，比例数据的文字宜比图名文字小些。一般情况下，一个图样应选用一种比例。根据专业制图需要，同一图样可选用两种比例。特殊情况下也可自选比例，这时除应注出绘图比例外，还必须在适当位置绘制出相应的比例尺。

★家装小助手★

在绘制图纸的时候需要对图纸各项指标进行一些了解，不同的结构需要使用不同的线型，这样绘制出来的图纸在打印出来之后才能看得清楚。材料等标注也是不可缺少的，若缺少这些，装修的工人有可能会出现做错的情况。为了完美地体现自己的设计，是需要精细地绘制图纸的。

5.3 绘图步骤

我来帮你想妙招

平面图中表现的内容有3部分。第1部分标明室内结构及尺寸，包括居室的建筑尺寸、净空尺寸、门窗位置及尺寸；第2部分标明结构装修的具体形状和尺寸，包括装饰结构的位置、装饰结构与建筑结构的相互关系尺寸、装饰面的具体形状及尺寸，并且图上需标明材料的规格和工艺要求；第3部分标明室内家具、设备设施的安放位置及其装修布局的尺寸关系，标明家具的规格和要求。

了解以上绘图基础知识后，家居装修设计图的绘制就不难了。绘图时思路要清晰，不要瞻前顾后、烦躁不安。现在基本都采用计算机绘图了，画得不对可以重新再来，但是绘图步骤要严格按照以下几点来操作。

5.3.1 绘制草图

将测量得到的数据简单核对一遍后就可以绘制草图了，绘制草图的目的在于提供一份完整的制图依据。测量完毕后可以就在装修现场绘制，使用铅笔画在白纸上即可，线条不必挺直，但是房间的位置关系要准确。边绘草图边标注刚才测量得到的数据，并增加一些遗漏的部位，做到万无一失。很多装修业主对这个步骤不重视，直接拿着测量数据就离开了，再次绘制图纸时就糊涂了。其实现场绘制草图是检查、核对数据的重要步骤，个人的记忆力再好也比不上实实在在的笔录（图5-13）。

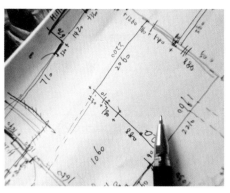

图 5-13　绘制草图

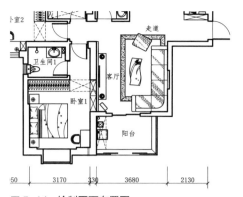

图 5-14　绘制平面布置图

5.3.2　绘制平面布置图

绘制平面布置图之前，可以根据装修环境的复杂程度先绘制一张原始平面图，并将它打印出来，使用铅笔在上面作初步创意，当布局设计考虑成熟后再开始绘制平面布置图。

首先绘制墙体，根据实际测量的草图绘制出房屋墙体轮廓图，并标注尺寸，再次核对后就可以继续绘制。然后绘制构造，在墙体轮廓上绘制门、窗、排烟管道、排水管道的形态，对于开门要画出门开启弧线。接着绘制家具，家具绘制比较复杂，可以调用不同绘图软件提供的家具模块，如果是即将购买的成品家具，可以只绘制外轮廓，标上文字说明即可。最后绘制地面铺装，在地面摆放家具周边的空白部位绘制地板、地砖或地毯的形态，这部分比较复杂，如果是徒手绘图也可以不画，仅用文字来指定说明（图 5-14）。

5.3.3　绘制顶面布置图

将绘制完成的平面布置图复制一份，删除中间的家具、构造和地面铺装图形，保留墙体、门窗，在上面即可绘制顶面布置图。

首先绘制吊顶，根据创意设计绘制出吊顶的形态轮廓，并标注尺寸和装修材料，再次核对后就可以继续绘制。然后绘制灯具，在顶面或吊顶部位绘制照明灯具。最后标明高度，在顶面或吊顶部位标明高度，以便于施工人员操作（图 5-15）。

5.3.4　绘制主立面图

主立面图是指在装修中制作的立面构造图，一般是指装饰背景墙、瓷砖铺贴墙、制作家具的立面墙等部位。主立面图的视角与装修后站在该墙面前一样，下部轮廓线条为地面，上部轮廓线条为顶面，左右以主要轮廓墙体为界线，在中间绘制所需的装饰构造，尺寸标注要严谨，包括细节尺寸和整体尺寸，外加详细的文字说明。主立面图画好后要反复核对，避免遗漏关键的装饰造型或对重点部位的表达含糊不清。主立面图可能还涉及原有的装饰构造，如果不准备改变或拆除，这部分可以不用绘制，空白或用阴影斜线表示即可。主立面图的数量可能会达到 5～8 张甚至更多，并与立面图相呼应，以方便查找（图 5-16）。

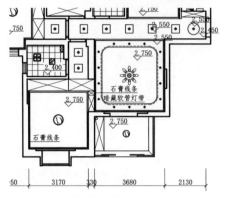

图 5-15　绘制顶面布置图

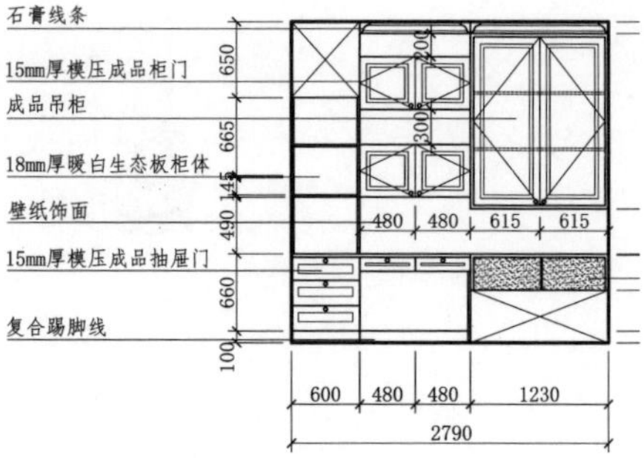

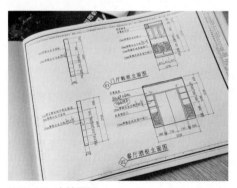

图 5-16　绘制主立面图

5.3.5　审核图纸

当全部图纸画好后，要重新检查一遍，更正错位的图线，删除多余的构造，改正错别字，最好将平面布置图打印出来后多复印几份，供不同工种的施工人员及材料经销商参考（图 5-17）。

图 5-17　审核图纸

★家装小助手★

为了让绘制出来的图纸尽量没有错误，就需要严格按照绘图的步骤来绘制。这样对自己在后期的设计和配色来说都是有很大的帮助的。绘制完的图纸要仔细检查，避免不必要的错误，以免造成施工上的错误。这样的蝴蝶效应带来的损失是非常大的，所以务必要自己审核绘制好的图纸。

5.4 常用绘图软件

现代装修讲求规范和效率，一般不再手工绘图。计算机绘图软件更新很快，我国装修业主的素质也在不断提高，一个家庭至少有 1 ～ 2 人能熟练操作计算机，在此基础上简单了解绘图软件也不困难。下面介绍两种常见的装修绘图软件，业主可以根据自己的实际情况来选用。

5.4.1 "圆方我家我设计"

"圆方我家我设计"是一套找我国自主研发、具有自主知识产权的免费三维立体家居装修设计软件。任何用户仅需几分钟便可轻松进行家居 DIY 设计，随意改户型，任意摆家具。简单地画出或调出自家平面户型图，直接使用现实中的家居建材产品进行模拟装修设计，转换到三维空间立体环境，真实体验家居产品应用于模拟环境后的效果，可以多角度漫游查看并存储为常用图片文件格式，并作为购买家居建材产品的重要参考依据（图 5-18）。

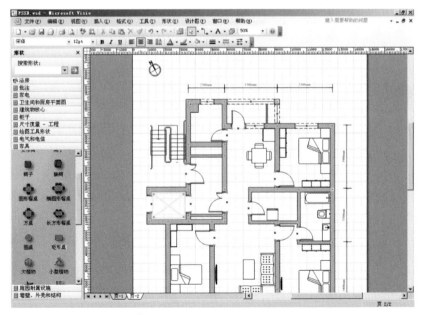

图 5-18 "圆方我家我设计"软件

5.4.2 "E家家居设计"

"E家家居设计"软件是一款为装修业主提供的三维家居设计软件，操作简单、快速，即使是绘图外行，也可以自己来设计住宅装修方案，而且使用它与设计师交流非常方便。该软件为使用者提供了大量通用素材库，如地板、壁纸、涂料、家具、洁具、灯具等，这些都可以直接拖动调用，非常方便快捷（图5-19）。

图5-19 "E家家居设计"软件

★家装小助手★

对于不是学室内设计专业的人来说，学习专业绘图软件需要一定的时间。市场上已经有专门针对家装的一些绘图软件，这些软件易上手，绘图方便快捷，具有较高的实用性。建议使用简单、易上手的绘图软件，不一定画得标准，但是要能快速上手画出图来。

第**6**章

成本核算方法

关键词：精确、核实、数量

家居装修涉及的门类丰富、工种繁多，在预算报价时基本上是沿用土木建筑工程的计算方式，随着市场的完善，各种方法也层出不穷。成本核算的前提是要充分了解装饰材料与劳动力的市场价格，合理分配施工人员的工作量，这需要有一定的施工经验与管理经验（图6-1）。装饰材料与劳动力的价格可以很方便地询问到，但是对于装修消费者而言，施工人员每日的工作能力就很难把

握了，这里介绍实用性最强的4种方式来诠释家居装修的成本核算（图6-2）。

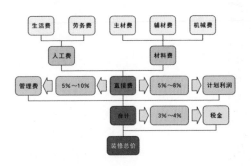

图6-2 家装预算构成

图 6-1　建材超市

6.1　估算法

我来帮你想妙招

　　估算法虽然不准确，但是速度快、效率高，误差率一般为 10% ~ 20%；虽然不准确，但是能在短期内让装修消费者明确成本。所有的估算方法可以按照不同的方法进行归类，一般称之为"正规估算方法"，像参数估算法和计算机估算技术。这些估算方法的特点是能够被重复地验证，输入同样的数据就会得到同样的输出值。装修中的估算是凭借市场价格、装修要求、以往经验来进行的。

　　成本估算是对完成项目所需费用的估计和计划，是项目计划中的一个重要组成部分。要实行成本控制，首先要进行成本估算。理想的情况是，完成某项任务所需费用可根据历史标准估算。但对于许多工业来说，由于项目和计划变化多端，将现实与以前的活动进行对比几乎是不可能的。对于费用的信息，不管是否根据历史标准，都只能将其作为一种估算。而且，在费时较长的大型项目中，还应考虑到今后几年的职工工资结构是否会发生变化、今后几年原材料费用的上涨如何、经营基础以及管理费用在整个项目寿命周期内会不会变化等问题。所以，成本估算显然是在一个无法进行高度可靠性预计的环境下进行的。在项目管理的过程中，为了使时间、费用和工作范围内的资源得到最佳利用，人们开发出了不少成本估算方法，以尽量得到较好的估算。这里简要介绍以下几种。

6.1.1 经验估算法

进行估计的人应有专门知识和丰富的经验，据此提出一个近似的数字。这种方法是一种最原始的方法，还称不上"估算"，只是一种近似的猜测。它对于要求很快拿出一个大概数字的项目来说是可以的，但对于要求详细估算的项目来说显然是不能满足要求的。

6.1.2 因素估算法

这是比较科学的一种传统估算方法。它以过去为根据来预测未来，并利用数学知识。它的基本方法是利用规模和成本图。图上的线表示规模和成本的关系，图上的点是根据过去类似项目的资料而描绘的，根据这些点描绘出的线体现了规模和成本之间的基本关系。这里画的是直线，但也有可能是曲线。成本包括不同的组成部分，如材料、人工和运费等。这些都可以有不同的曲线。项目规模知道以后，就可以利用这些线找出成本中各个组成部分的近似数字。

6.1.3 WBS 基础上的全面详细估算

WBS 基础上的全面详细估算即利用 WBS（工作分解结构）方法，先把项目任务进行合理的细分，分到可以确认的程度，如某种材料、某种设备、某一活动单元等，最后估算每个 WBS 要素的费用。

估算法即是对当地的建筑装饰材料市场和施工劳务市场进行调查，确定材料价格与人工价格之和，再对实际工程量进行估算，从而算出装修的基本价，以此为基础，再计入管理费和装饰公司既得利润与税金即可，这种方式中综合损耗一般设定在 10% 左右。

例如，在对某省会城市装饰材料市场和施工劳务市场进行调查后，了解到在当地装修三室两厅两卫约 120m² 的住宅，按中等装修标准，所需材料费约为 50000 元左右，人工费约为 15000 元左右，装饰公司的管理费、利润与税金约为 10000 元左右。以上三组数据相加，约为 75000 元左右，这即是估算出来的价格（图6-3）。

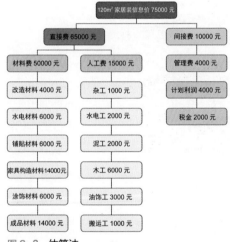

图 6-3 估算法

这种方法比较普遍，对于装修业主而言测算简单、容易上手，通过对市场进行考察和向有装修经验的人咨询，就不难得出相关价格。然而不同的装修方式、不同的材料品牌、不同程度的装饰细节会产生不同的测算结果，不能一概而论。

对粗略的成本核算,估算法是最快的,虽然精确度不是非常的高,但是可以很快地大致知道自己装修一套房子所需要的价钱,实用性相对于其他计算方法来说比较高。

6.2　类比法

我来帮你想妙招

成本费用预算是一项综合性预算,它的编制工作一定要遵循在成本效益原则的前提下充分体现从严从紧、处处精打细算、量入为出、节俭节约的原则。成本费用预算的编制应以目标成本费用为依据,并与预算年度内其他各有关专业紧密衔接,与成本费用计算、控制、考核和分析的口径相一致。

类比法也是一种估算法,全称是"类比估算法",又称"自顶向下估算法",是一种专家判断方法,是管理人员根据之前类似项目的历史资料估算当前项目成本的方法。

类比法的理解方式为由此及彼,先比后推;优点是节约时间,重用相似项目过程成本估算,成本低,相似度越高的项目估算效果越好;缺点是依赖于历史项目的相似性、数据的准确性及正确性,需要适当考虑通货膨胀率。

类比法适合估算与历史项目有相似环境(项目范围、成本、预算、时间、项目组成员)或规模(尺寸、重量、复杂度)的项目,也用在成本估算、活动工期估算中。

使用类比法时,通过对同等档次已完成的住宅的装修费用进行调查所获取到的总价除以其建筑面积(m²),所得出的每平方米的综合造价再乘以即将装修的住宅的建筑面积(m²)即可。例如,现代中高档家居装修的综合造价约为1000 元/m²,那么可以类比得出三室两厅两卫约 120m² 的住宅装修总费用约为120000 元。

这种方法可比性很强,不少装饰公司在宣传单上标明的多种装修档次的价格都是以这种方法来计量的,例如,经济型400 元/m²,舒适型 600 元/m²,小康型 800 元/m²,豪华型 1200 元/m² 等。装修业主在选择时应注意装饰工程中是否包含配套设施,如五金配件、厨卫洁具、电器设备等,以免上当受骗。

但是,这种方法一般适用于 80 ~

150m² 的常见户型，面积过小或过大可能会出现偏差。因为装修中的基础消费基本是固定不变的，无论大、小户型都会覆盖全套工艺，对于 50m² 以下的户型使用类比法可能会造成预算经费不足，而对于 150m² 以上的户型使用类比法可能会造成预算经费多余（图6-4）。

估算法与类比法在运用时虽然比较简单，但是不能作为唯一的参照依据。对装饰公司所提供的报价可以用估算法和类比法进行检查核算，如果差异不大，则可以放心施工。但是要注意报价项目中是否都包含所有门类，如果有差异，则需要增减。

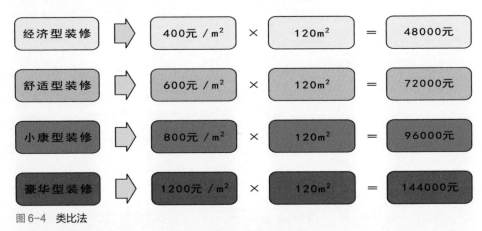

经济型装修	⇨	400元 / m²	×	120m²	=	48000元
舒适型装修	⇨	600元 / m²	×	120m²	=	72000元
小康型装修	⇨	800元 / m²	×	120m²	=	96000元
豪华型装修	⇨	1200元 / m²	×	120m²	=	144000元

图6-4　类比法

★家装小助手★

　　类比法也是一种粗略的计算方法，它在装修成本估算上的使用是十分普遍的，基本上家装公司的设计师都会先使用类比法进行成本上的预算，然后才会去做精准的报价预算，但在施工时还是要以精确的计算为准，以免造成不必要的材料损失。

6.3 成本核算法

我来帮你想妙招

　　在家装成本计算过程中，可将各项生产费用按照定额来进行归集和分配，同时反映各项费用定额与实际的差异，以计算出产品的定额成本和实际成本。这种应用定额计算成本的方法也叫作定额法。

使用成本核算法前要对所需装饰材料的价格作充分了解，分项计算工程量，从而求出总的材料购置费，然后再计入材料的损耗、用量误差和装饰公司的利润等，最后所得即为总的装修费用。这种方法又称为预制成品核算，一般为装饰公司内部的计算方法。成本核算法的应用并不普及，需要装修业主对主材、辅材、人工等多项价格详细掌握，需要多年的实践经验，但可以聘请专业人士协助计算，也可以使用这种方法对装饰公司的报价进行验证，其超出部分即为装饰公司的额外利润。

下面就运用成本核算法来计算某衣柜的预算报价。该衣柜尺度为2200mm×2200mm×550mm（高×宽×深），采用木芯板框架结构，内外均贴饰面板，背侧和边侧贴墙固定，配饰五金拉手、滑轨，外涂清漆（图6-5）。

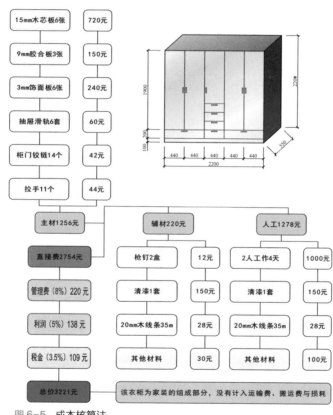

图6-5　成本核算法

★家装小助手★

核算法对于没有装修经验的人来说是十分困难的，它需要对各种材料和雇工的价钱有一个足够清晰的了解。有一个很简单的用核算法获得成本预算的方法，就是让家装公司制作家装预算报价，这样就可以对材料价格和雇工价格作一个大致的了解。

6.4 工程量法

我来帮你想妙招 ◤

　　运用根据工程量来计算成本的方法是需要对工程量有一个详细的数据的，这就需要对现场数据有一个精确的测量，并且绘制出精确的 CAD 图纸。这样就可以在 CAD 软件中对工程量作出精确计算，最后再使用工程量法作出成本预算。

　　运用工程量法之前，要通过比较细致的调查，对装修中各分项工程的综合造价有所了解，计算其工程量，将工程量乘以每平方米的综合造价，最后计算出工程的直接费、管理费、税金，求和后所得出的最终价格即为装饰公司提供给业主的报价。工程量法是市面上大多数装饰公司的首选报价方法，名目齐全，内容详细丰富，可比性强，同时也成为各公司之间相互竞争的有力法宝。工程量法的应用非常普及，装饰公司所提出的各项数据均非常考究。由于利润已经包含在各工程项目之中，因此计划利润也可以不列举，装修业主需要对各项数据多番比较，认真商讨。由于工程复杂，在这里只以某卧室与卫生间为例阐述预算报价。

　　这套卧室地面铺设复合木地板，墙面涂饰乳胶漆，室内家具包括组合衣柜、电视角柜等，装饰构件包括门窗套、叠级顶墙线、大理石窗台面、房间门与卫生间门。卫生间地面铺设防滑地砖，墙面铺设瓷砖，顶部为吊顶铝扣板，另外需在淋浴区涂刷防水涂料。图中所标注的家电、洁具、开关面板、大型五金饰品及成品装饰构件均不在此预算报价之列（图 6-6 ~ 图 6-8）。

★家装小助手★

　　工程量法是最复杂的一种预算成本的方法，需要进行大量的精确计算才能得出最后的预算报价。如果是自己进行设计装修的话，不建议使用这种方法，使用上面的 3 种方法已经足够预算出大致要使用的成本了。

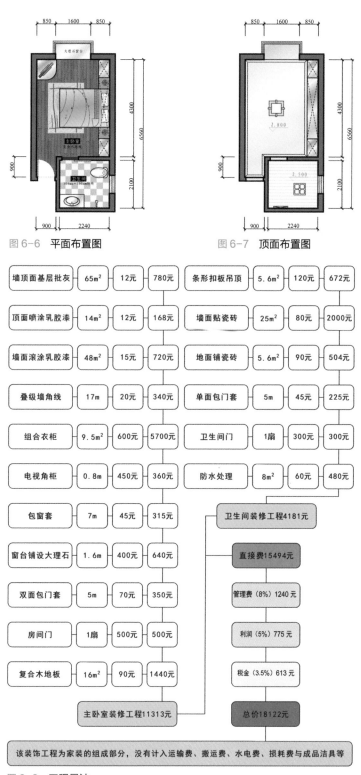

图 6-6　平面布置图　　　　　图 6-7　顶面布置图

墙顶面基层批灰	65m²	12元	780元
顶面喷涂乳胶漆	14m²	12元	168元
墙面滚涂乳胶漆	48m²	15元	720元
叠级墙角线	17m	20元	340元
组合衣柜	9.5m²	600元	5700元
电视角柜	0.8m	450元	360元
包窗套	7m	45元	315元
窗台铺设大理石	1.6m	400元	640元
双面包门套	5m	70元	350元
房间门	1扇	500元	500元
复合木地板	16m²	90元	1440元

主卧室装修工程11313元

条形扣板吊顶	5.6m²	120元	672元
墙面贴瓷砖	25m²	80元	2000元
地面铺瓷砖	5.6m²	90元	504元
单面包门套	5m	45元	225元
卫生间门	1扇	300元	300元
防水处理	8m²	60元	480元

卫生间装修工程4181元

直接费15494元

管理费（8%）1240元

利润（5%）775元

税金（3.5%）613元

总价18122元

该装饰工程为家装的组成部分，没有计入运输费、搬运费、水电费、损耗费与成品洁具等

图 6-8　工程量法

6.5　家装装修成本预算

我来帮你想妙招 !

　　在进行家装成本预算时，是需要借助一些参考数据的，而本节中所提供的装修成本价格是真实的市场价格，可能会有一些波动，但是波动不大，对于成本预算来说还是有较高的可用性的。

　　下面以常见的两室两厅建筑面积约100m^{2}的住宅的基本装修作一个估算，列举出常见的家装项目价格以供参考。

6.5.1　基层处理

　　墙基层处理，布置电线后的墙体弥补，墙缝隙处理，保温层间隙弹性泥子，建筑门洞修补，对于特殊需要位置的整体挂防裂网格布，3元/m^2。如果基层相当地好，这部分钱可以省下。但是这部分在装修的报价中是看不到的，一般情况下会做到墙体涂料中或者墙面基体修补中，一般的标明方式为墙体找平修补，

以实际发生量计算。但是一般对于做过电子开槽或者内墙保温等情况，都要整体施工（图6-9）。

6.5.2　涂料粉刷

　　墙衬底漆适用于潮湿的低层住宅，20元/m^2。如果使用了底漆，那么可以使用821专用泥子，如果不是，那么尽可能不要使用821泥子，因为容易起泡脱落，颗粒大。用量的计算方式一般是按地面积乘以3.5为墙顶面面积，但是一般会多一些，所以乘3就可以了，不过为了准确还是应按现场情况处理（图6-10）。

图6-9　基层处理

图6-10　涂料粉刷

图 6-11　墙砖铺装

图 6-12　地砖铺装

挑选涂料时，打开盖后，真正环保的乳胶漆应该是水性无毒无味，一段时间后，正品乳胶漆的表面会形成很厚的有弹性的氧化膜，不易裂，用木棍将乳胶漆拌匀，再用木棍挑起来，优质乳胶漆往下流时会成扇面形。用手指摸，正品乳胶漆应该手感光滑、细腻。在选购时要看一下成分，优质涂料的成分应是共聚树脂或纯丙烯酸树脂，还要特别注意看产品的保质期。

6.5.3　墙地砖铺装

地砖 85 元 /m²，包括踢脚线，800mm×800 mm 普通品牌精工玻化砖。如果要选择一些知名品牌就要贵一些。辅料为 32.5 号普通硅酸盐水泥、白水泥、中砂、901 胶，因为会出现裁砖、破损等情况，所以地砖面积应该加 3%～8%计算。

厨房、卫生间墙地砖约为 75/m²，报损与地面可以相同，墙面用普通工艺镶贴各种瓷片，每 10 m² 需要 32.5 号普通硅酸盐水泥 11kg、中砂 33kg、石

灰膏 2kg。柱面上用普通工艺镶贴各种瓷片，每 10 m² 需要普通水泥 13kg、中砂 27kg、石灰膏 3kg（图 6-11、图6-12）。

挑选瓷砖时，从包装箱中任意取出一片，看表面是否平整、完好，釉面应均匀、光亮，无斑点、缺釉、磕碰现象，四周边缘应规整。釉面不光亮、发涩或有气泡都属质量问题。再取出一片砖，两片对齐时，中间缝隙越小越好。如果是图案砖，则必须用四片才能拼凑出一个完整图案来，还应看好砖的图案是否衔接、清晰。把这些砖一块挨一块竖起来，比较砖的尺寸是否一致，小砖偏差允许±1mm，大砖偏差在 ±2mm。

6.5.4　地板铺装

使用强化复合木地板约 80 元 /m²，如果要与地面找平，可以使用自流平水泥，约加 15 元 /m²，总价为 95 元 /m²，地板报损加 8%～10%。实木地板的价格比较贵，要达到 200/m² 以上，通常仅在卧室中选用（图 6-13、图 6-14）。

图 6-13　实木地板铺装

图 6-14　复合木地板铺装

图 6-15　橱柜安装

图 6-16　洁具安装

6.5.5　灯具、洁具、卫浴设备

厨房橱柜大约 1200 元 /m^2，包含水晶板、亚克力、烤漆等各式门板，但是不包括品牌，还有龙头、水池，吊顶约 80 元 /m^2（图 6-15）。

卫生间设备每套大约 4000 元左右，包含坐便器、洗手盆、龙头、洗浴套件、镜子、纸盒、皂盒、毛巾杆、托盘、地漏、浴霸。现在市场上有一些比较便宜的卫具，但是质量相当地差，所以建议不要使用太便宜的。此外，阳台衣架每套 500 元（图 6-16）。

灯具大约为 5000 元，包含镜前、客厅大灯、卧室灯等，一般中小型公司是不收安装费的，因为这部分钱已经含在电力改造中。

6.5.6　成品套装门

成品套装门建议使用复合实木会结实一些，约 1200 元 / 套，包括门锁、合页、门吸。一般不要使用贴面门的密度板门了，不太结实，如果一定要使用可以使用三套合页，也可以保持比较好的使用。卫生间门一般采用铝合金边框的镶嵌玻璃门，可以起到很好的防水作用，约 850 元 / 套，配件与成品套装门相同（图 6-17、图 6-18）。

图 6-17 房间门安装

图 6-18 卫生间门安装

图 6-19 给水管布置

图 6-20 排水管布置

6.5.7 水路改造

水路改造费用大约 5500 元，包含各种 PP-R 管、PVC 管与相关的弯头配件。PP-R 管规格一般为 ϕ20mm，PVC 管规格为 ϕ50mm 和 ϕ110mm。配件材料包含细铁丝、管卡、生料带、钢钉、三角阀、截止阀、金属软管。卫生间防水涂料、材料与人工费综合为 60 元 /m² （图 6-19、图 6-20）。

6.5.8 电力改造

电力改造费用大约 6500 元，包括各种电线、穿线管、膨胀螺栓、膨胀螺丝、细铁丝、线管钉卡、黄蜡管、钢钉、暗盒、电工胶布、开关插座面板、空气开关等。照明一般采用 1.5mm² 铜芯线，插座一般采用 2.5mm² 铜芯线，空调等高耗能设备采用 4 ～ 6mm² 铜芯线，进户线不小于 10mm²。此外，还包含电视线、网线等弱电电线。一般开关工作电流为 10A，1.5 匹以上的空调选用 15A 的插座，1.5 匹以下的空调选用 10A 的插座，安装高度不低于 2.2m。插座回路漏电开关额定电流为 16 ～ 20A，照明回路断路器为 10 ～ 16A，空调回路为 16 ～ 25A，总开关带漏电型为 32 ～ 40A（图 6-21、图 6-22 ）。

图 6-21　电路布置

图 6-22　空气开关安装

图 6-23　材料运输

图 6-24　人力搬运

6.5.9　其他费用

材料运输费大约600元，装修中各种材料从市场运输至装修现场。人力搬运费大约600元，是指从材料市场将材料搬运上车，到了小区楼下，搬下车再搬运至电梯，从电梯搬运至室内，部分板材太大不能通过电梯搬运的，只能人工搬运上楼，价格会更高些，总价一般不超过1000元。材料垃圾清运费大约600元，包含所有装修垃圾装袋，搬运至楼下物业管理部门指定的位置。清洁费大约300元，装修结束后将装修空间打扫干净，这个费用不等，根据作业量和强度来定，很多装修消费者也自己亲手打扫（图6-23、图6-24）。

装修管理费2000元左右，有的小装饰公司也没有列举这一项，但是都包含在装修工程款中。也有一部分装饰公司将这一项列出来，最后通过打折的形式减去，在账面上给装修消费者一个圆满的答复。

★家装小助手★

根据以上参考价格就可以很清楚地知道各种材料和人工的价格，对于材料型号的选择也有相应的标准。不过这些数据只是供参考使用，有些材料价格在市场上会有些波动，所以还是要自己去市场上核对一下，但大致的价格应该是差不多的。

第 **7** 章

装修案例分析

关键词：温馨、和谐、完美

　　装修业主自己设计时最需要的就是有一个案例能完全符合自己的审美，由此可以参考得到设计启示。当案例较多时，人往往会眼花缭乱。这里就筛选了几套具有代表性的装修案例供参考。其中有很多可以借鉴的地方，无论是在造型、风格和色调上都是可以做一些借鉴的。通常参考的原则是整体参考，局部借鉴，细节照搬。希望本章中的案例能有所启发。

图 7-1 家居装修
案例

7.1 法国南部地中海简约风情

> **我来帮你想妙招** ◣　⊕
>
> 　　家装设计不在大小，在于空间处理的合理布局。中小户型也可以做出大气、宽敞、舒适的住宅空间。越是小的空间，越要做得现代简洁一些，这样处理，就可以让空间显得比较大。

　　纯粹的地中海风格是指环绕地中海的三个历史文明区域，希腊与意大利、法国南部、非洲北部，这三个区域的连线就形成了一个三角形，将地中海稳固地包围起来，形成了地中海文明的发展中心。这套 89m^2 的两室两厅户型是现代住宅中的典范，是很正式的朝南格局，业主希望营造出不拘一格的法式田园风格，于是选择了法国南部的地中海风格。这是风靡全球的家居装修风格，在任何国家和地区都有所表现，既有欧式古典韵味，细节耐看，又有地中海风情中的闲逸，反映了现代城市中快节奏生活之余的轻松（图 7-2～图 7-21）。

图 7-2 客厅背景墙

图 7-3 客厅沙发

图 7-4　餐厅餐桌

图 7-5　客厅储藏柜

图 7-6　门厅鞋柜（一）

图 7-7　门厅鞋柜（二）

图 7-8　书房书桌柜

图 7-9　卧室床

图 7-10　卧室衣柜（一）

图 7-11　卧室衣柜（二）

图 7-12　卧室衣柜（三）

图 7-13　卫生间洗面台

图 7-14　厨房橱柜（一）

图 7-15　厨房橱柜（二）

图 7-16　厨房橱柜（三）

图 7-17　厨房橱柜（四）

图 7-18　厨房热水器

图 7-19　卫生间（一）

图 7-20　卫生间（二）

图 7-21　阳台储藏柜

客厅与餐厅不做任何吊顶，首先定位简约的格调，顶角安装直纹石膏线，墙面涂刷米黄色乳胶漆，在阳光的照射下显得特别温馨。背景墙、电视柜、储藏柜、餐桌采用蓝色格调，显得稳重大气。门厅鞋柜为暖白色，与房间门统一，柜门为欧式模压造型，体现古典韵味。沙发、装饰画、壁挂瓷盘等物件色彩丰富，丰富了整体空间。

卧室与书房的墙面采用中度蓝绿色，色彩凝重，与客厅家具统一。蓝绿色能衬托出暖白色家具与房间门。卧室中有整体推拉门衣柜，配置蓝色古典陶瓷拉手。舒适简约的大床加上天花板上的特色灯具简单却又不失格调。床头配置现代风格的海报装饰画，增添了房间的活泼指数。

厨房与卫生间吊顶扣板的样式经过精心挑选，墙面铺装仿古砖，橱柜柜门的款式与卧室衣柜保持一致，纯粹的地中海风格镜前灯是这一空间的点缀亮点。

蓝绿色、米黄色、白色都属于冷色系列，通过提高主体家具的明度来形成对比。此外，现代风格的软装饰品可以进一步丰富温馨氛围。

★家装小助手★

地中海风格是近年来比较流行的家居装修风格，但是要塑造纯粹的地中海风格造价很高。地中海风格与现代风格相融合，可以张弛有度，家装消费者可根据自己的经济状况及爱好来有选择地进行搭配，这样能获得意想不到的效果。

7.2 典雅的新婚爱巢

　　100m²以上的三室两厅是现代新婚主流户型，合理分配住宅功能是关键。"主卧＋儿卧＋书房"是一套标准模式，也可以设计为"主卧＋客卧＋书房"或"主卧＋儿卧＋老人房"。各种组合都要从功能出发，满足相应的舒适要求。

　　完全凭自己的爱好来装修的房子肯定是混搭风格。混搭风格的装修亮点就在于精致的材料搭配，只要用料十足，档次和效果都不在话下。这套125m²的三室两厅婚房就印证了这个事实（图7-22～图7-45）。

图7-22　门厅

图7-23　客厅

图7-24　客厅局部

图7-25　客厅沙发

图 7-26　休闲厅

图 7-27　餐厅

图 7-28　餐厅装饰柜

图 7-29　餐厅餐桌

图 7-30　餐厅吊顶

图 7-31　餐厅厨房推拉门

图 7-32　餐厅客厅

图 7-33　过厅

图 7-34　过厅吊顶

图 7-35　阳台改造（一）

图 7-36　阳台改造（二）

图 7-37　书房

图 7-38　主卧室（一）

图 7-39　主卧室（二）

图 7-40　主卧室（三）

图 7-41　主卧室卫生间

图 7-42　儿童卧室（一）

图 7-43　儿童卧室（二）

图 7-44　儿童卧室局部（一）

图 7-45　儿童卧室局部（二）

　　一进门厅就能感受到大气的空间氛围，简约风格吊顶也富有层次感。客厅中电视背景墙采用简洁的装饰造型，全凭丰富的壁纸与马赛克铺装来增显档次，中间镶嵌的不锈钢边框造型与石材地台式电视柜显得特别沉稳。全房铺装壁纸，色彩、纹理丰富多样，间或穿插木质雕花隔断，充分利用边角空间设计成休闲厅，放置棋牌桌。餐厅的装饰酒柜造型与别致的餐桌椅家具是亮点，整个客厅和餐厅显得既通透又饱满。在进入内部房间之前有一处小过厅，吊顶设计富有动感，墙面挂置简约的金属框四季装饰画。

　　将现有的客厅门窗拆除后，打通了阳台空间，整体铺装杉木扣板，配置竹制转椅，营造出浓厚的田园风格。书房兼顾储藏间，为了保证隔音效果，储藏柜的推拉门采用软包面料，镶嵌玻璃镜显得更加时尚。

　　主卧室面积较大，分隔出一处小门厅，设置隔断遮挡床，显得富有层次与私密感。木质雕花隔断的运用提升了空间的情趣感，深色的壁纸与卫生间幕帘透露出一份东南亚气息。为下一代准备的儿童房显得比较中性，无论是男孩还是女孩都能兼顾，玩具、配饰与柔软的外调窗台坐垫体现出新婚夫妇对下一代的憧憬。

★家装小助手★

　　125m² 左右的房子对于新婚夫妻来说是再合适不过的了。温馨浪漫是整个空间中不可缺少的，所以在色调上会用浓郁的暖色，配饰上也是要以二人世界的浪漫为主，营造出温馨的主题最直接的方式就是打造混搭风格，通过提升材料的档次来聚集各种风格的优势所在，丰富的装饰也会让空间的爱情气氛更加甜美。

7.3　清新的地中海之风

我来帮你想妙招

复式住宅会显得更有层次感。家装的户型 156m² 复式住宅是最好设计的。这种户型对于正常的家装功能配置在空间上是十分充足的。一般楼下或低处是客厅，属于开阔的公共空间，楼上或高处是卧室、卫生间，属于私密空间。如果要开辟一些特殊的功能区间，就需要在全面考虑的情况下进行平面布局上的设计。

当遇到面积较大、空间开阔的复式住宅时，很多人都会感到困惑。开阔的面积会令人很不习惯，居住者时时刻刻都在想浪费的空间到底有多少，这对住惯了平层中小户型的消费者来说确实是一种挑战（图 7-46 ~ 图 7-69）。

最为正统的地中海风格当属希腊的房屋了，墙角和门窗都是圆滑的造型，

这是长年累月被海风风化的结果，用到现代家居空间中会让人感到一份清新。宽大、高耸的客厅非常透气，顶面仿木横梁具有古朴的气息，不加修饰的白墙很亮洁。沉稳的家具与地面仿古砖融为一体。楼梯间的扶手打破了欧式风格的烦琐，圆滑的造型犹如奶油般细腻。

图 7-46　客厅（一）

图 7-47　客厅（二）

图 7-48　客厅（三）

图 7-49　客厅（四）

图 7-50　休闲厅

图 7-51　楼梯间（一）

图 7-52　楼梯间（二）

图 7-53　餐厅（一）

图 7-54　餐厅（二）

图 7-55　餐厅（三）

图 7-56　厨房

图 7-57　厨房水槽

图 7-58 走道

图 7-59 书房 (一)

图 7-60 书房 (二)

图 7-61 书房 (三)

图 7-62 主卧室 (一)

图 7-63 主卧室 (二)

图 7-64 主卧室 (三)

图 7-65 主卧室 (四)

图 7-66　主卧室卫生间

图 7-67　客卧室

图 7-68　客卧室卫生间（一）

图 7-69　客卧室卫生间（二）

　　位于二层的餐厅、厨房显得特别简约，餐厅墙面与软装采用清新的田园风格，"X"形装饰元素用于厨房推拉门上既古朴又典雅。无处不在的圆拱房间门与仿古砖再一次印证了地中海希腊民间文化要素。

　　书房、卧室处于建筑顶层，顶面横梁较多且并非平顶，于是都进行了圆角处理，在较低的内空上表现出丰富的层次。主卧室床头墙面仍旧铺贴田园风格壁纸，与配置造型较简约的欧式古典家具相得益彰。客卧室则将床放在窗前，充裕的采光与通风有益于室内环境。每间卧室均带有卫生间，精心挑选的卫浴设备给清新的地中海之风画上了圆满的句号。

　　打造风格纯正的设计风格其实是很难的，首先要求设计师必须懂得最纯正的风格元素，然后还要求装修消费者具备这类审美倾向，接着就是施工人员能耐心打造这种烦琐的装饰造型，最后要有一定的经济实力，才能满足纯正风格对材料品质的挑选。

★家装小助手★

　　复式住宅的适用性很强，可以作为住宅空间，也可以作为办公空间，住租都比较适宜。这种住宅的设计就需要使用材质本身的颜色和固有的属性让空间丰富起来。原生态的设计对于这种空间来说是再合适不过的了，不需要太多的装饰，颜色的选择也十分简单，这样的装饰手段大方而又稳重、时尚。

7.4　现代中式的大气之美

198m² 的家装户型算是大户型，各个基本功能区间的使用面积是非常充裕的，如果布置合理的话是可以增加一些功能区间的。例如，将多余的空间作为储藏间或休闲间都是可以的。风格上的选择也是比较多的。大的空间更容易体现整体的家居风格，现代中式是不错的选择。

现代中国人的经济实力增长得很快，对大户型的装修有更苛刻的要求，既要效果独特，又要造价低廉。现代中式的大气能满足这种需求，这套 198m² 的连体别墅就是最好的诠释（图 7-70 ～图 7-93）。

低层客厅内空间占据两层高度，有很强的向上延伸感，吊顶、墙面、地面、家具、灯具等构造的造型特别简洁，将传统中式装饰元素进行了高度浓缩，主要集中在木质雕花隔断上。客厅靠窗放置两张实木椅子，正好与雕花隔断相衬。客厅通向餐厅的空间很开阔，中途放置绿化盆栽，在风格上再一次衬映了现代中式格调。相比于客厅而言，餐厅的装饰造型显得更加中规中矩，方便日常打理。

图 7-70　客厅（一）

图 7-71　客厅（二）

图 7-72　客厅（三）

图 7-73　客厅（四）

图 7-74　过厅

图 7-75　餐厅

图 7-76　二层客厅

图 7-77　客卧室

图 7-78　客卧室装饰品

图 7-79　书房（一）

图 7-80　书房（二）

图 7-81　阳台

图7-82　主卧室（一）

图7-83　主卧室（二）

图7-84　走道吊顶

图7-85　走道陈设

图7-86　次卧室（一）

图7-87　次卧室（二）

图7-88　休闲间（一）

图7-89　休闲间（二）

图 7-90　休闲间（三）

图 7-91　休闲间（四）

图 7-92　休闲间（五）

图 7-93　休闲间（六）

　　二层走道首端设置一处相对私密的小客厅，与客卧室仅一墙之隔，客卧室的简约灯具、床头背景墙造型与陈设配饰显得格外朴素典雅。书房功能齐备，空间开阔，对现代风格的家具进一步端庄化处理，既对称又均衡。书房连接户外阳台，视野开阔，通风透气。

　　主卧室顶面造型顺应屋顶坡度设计，精心挑选的家具、配饰、灯光都恰到好处。直线型装饰构造是现代中式风格的永恒定律，走道墙顶面虽然都有应用，但是已区分出间距与深度。次卧室显得更轻松宜人，米色系列的装饰造型具有温馨之感。

　　这套户型最具特色的地方就是休闲间，将吧台间与卫生间合二为一，设计成一套具有"私人定制"韵味的家庭会所。外部休闲间将棋牌、酒吧功能组合，贯通内部卫生间改造的开放式游泳池，再次登场的木质雕花隔断若隐若现，凝聚了现代中式家居风格的巨大魅力。

★家装小助手★

　　大户型设计要在气氛的营造上花功夫。选择地中海或者田园式的风格就可以极大程度地为空间增加气氛，不管在装饰的细节上，还是在整体的视觉感受上，都可以给人眼前一亮的感觉，只是在做工和细节的处理上要稍严格一些。

7.5 古朴且纯正的泰式居所

我来帮你想妙招

随着新马泰旅游的日益火爆，东南亚家装风格也逐渐流行起来。泰式风格中融入了西方古典元素，比较来看，是东南亚风格的设计首选。红、绿高度对比是泰式风格的特征，但是要控制好度，以免显得过于乡土化或俗气。

泰式家居风格是东南亚风格的代表。相对于马来西亚、菲律宾等国家的岛派风格，泰国的家居设计元素更有大陆文脉的遗传特征、稳重、深邃、精致是其他东南亚风格所不具备的。这套 230m² 的联体别墅彰显了泰式家居风格的精髓（图 7-94 ~图 7-115）。

图 7-94 客厅（一）

图 7-95 客厅（二）

图 7-96 客厅（三）

图 7-97 客厅（四）

图 7-98　餐厅

图 7-99　厨房（一）

图 7-100　厨房（二）

图 7-101　厨房（三）

图 7-102　楼梯间（一）

图 7-103　楼梯间（二）

图 7-104　楼梯间（三）

图 7-105　阳台（一）

图 7-106　阳台（二）

图 7-107　客卧室

图 7-108　儿童房

图 7-109　书房客卧（一）

图 7-110　书房客卧（二）

图 7-111　主卧室（一）

图 7-112　主卧室（二）

图 7-113　主卧室（三）

图7-114　主卧卫生间

图7-115　走道

客厅吊顶融入了中国传统建筑的藻井造型，采用热带深色柚木制作吊顶构造，栏杆、家具、配饰又采用欧式古典元素，将亚欧大陆的文化精髓融为一体。最具有特色的是采用很浓烈的绿色作为墙面的主体色，配置偏红的深色柚木，形成强烈的对比，彰显了热带雨林气候。

餐厅与厨房继续表现欧式古典与田园风格的魅力，只是在色彩上变得更加地域化，深褐色、土红色、米色、白色相互搭配，木纹显得更有质感，地面倾斜铺装仿古砖，使空间更有动感、更有层次。楼梯间扶手制作精致巧妙，融合了西方洛可可风格，踢脚线与楼梯台阶特别精致，台阶、扶手和墙面三者层次分明。阳台采用大量菠萝格防腐木铺装，

定位热带雨林风格，将地台升高，安装圆形浴缸，营造出野外沐浴的浪漫情怀。

客卧室显得简单紧凑，深色衣柜的推拉门与米色电视柜显得层次丰富。儿童房墙面增添了主题彩绘，褐色床罩与木质窗帘相互衬托。书房兼有客卧的功能，空间大而功能齐备。主卧吊顶大方凝重，独立的书桌与沙发使房间显得很宽敞，床上用品与沙发采用细腻的绸缎面料，增添了空间整体的高贵感。主卧卫生间与走道利用狭长的空间展开，布置得井井有条，卫生间的深色墙面仿古砖与白色的洗面盆对比强烈，富有质感。

泰式家装风格具有很强的感情色彩，一般适用于去过泰国旅游或工作且特别喜爱当地文化风俗的装修业主。

★家装小助手★

联体别墅装修要注重结构与层次，低层是公共区，装修可以简单朴素，中层是主要起居生活区，装修要大气、开阔、显档次。上层是私密区，分隔要合理，装修要精致细腻、功能齐备。

参考文献

[1] 薛建. 装修设计与施工手册 [M]. 北京: 中国建筑工业出版社, 2004.

[2] 赵健彬, 雷一彬.《住宅设计规范》图解 [M]. 北京: 机械工业出版社, 2013.

[3] 周建志. 二王一后不藏私分享住宅好设计 [M]. 北京: 清华大学出版社, 2012.

[4] 张先慧. 住宅设计指南③西方建筑与现代建筑 [M]. 天津: 天津大学出版社, 2012.

[5] 经东风. 住宅设计常见问题解析 [M]. 北京: 机械工业出版社, 2014.

[6] 木土如月. 小空间住宅设计 [M]. 北京: 机械工业出版社, 2011.

[7] 金长明, 张娇. 实用家居设计 [M]. 沈阳: 辽宁科学技术出版社, 2012.

[8] 李娜. 99套最经典的整体家居设计方案经济实用 [M]. 北京: 化学工业出版社, 2011.

致　　谢

本套书在编写过程中得到了以下同仁的帮助，在此特别感谢他们提供的宝贵资料（排名不分先后）：

高宏杰　胡爱萍　柯　孛　李　恒　李吉章　李建华　李　钦　刘　波　刘惠芳
刘　敏　刘艳芳　卢　丹　罗　浩　马一峰